essentials

*essentials* liefern aktuelles Wissen in konzentrierter Form. Die Essenz dessen, worauf es als „State-of-the-Art" in der gegenwärtigen Fachdiskussion oder in der Praxis ankommt. *essentials* informieren schnell, unkompliziert und verständlich

- als Einführung in ein aktuelles Thema aus Ihrem Fachgebiet
- als Einstieg in ein für Sie noch unbekanntes Themenfeld
- als Einblick, um zum Thema mitreden zu können

Die Bücher in elektronischer und gedruckter Form bringen das Expertenwissen von Springer-Fachautoren kompakt zur Darstellung. Sie sind besonders für die Nutzung als eBook auf Tablet-PCs, eBook-Readern und Smartphones geeignet. *essentials:* Wissensbausteine aus den Wirtschafts-, Sozial- und Geisteswissenschaften, aus Technik und Naturwissenschaften sowie aus Medizin, Psychologie und Gesundheitsberufen. Von renommierten Autoren aller Springer-Verlagsmarken.

Weitere Bände in der Reihe http://www.springer.com/series/13088

Klaus Mainzer

# Wie berechenbar ist unsere Welt

## Herausforderungen für Mathematik, Informatik und Philosophie im Zeitalter der Digitalisierung

Klaus Mainzer
Emeritus of Excellence
Technische Universität München (TUM)
München, Deutschland

ISSN 2197-6708 ISSN 2197-6716 (electronic)
essentials
ISBN 978-3-658-21297-1 ISBN 978-3-658-21298-8 (eBook)
https://doi.org/10.1007/978-3-658-21298-8

Die Deutsche Nationalbibliothek verzeichnet diese Publikation in der Deutschen Nationalbibliografie; detaillierte bibliografische Daten sind im Internet über http://dnb.d-nb.de abrufbar.

Springer VS


Springer VS ist Teil von Springer Nature
Die eingetragene Gesellschaft ist Springer Fachmedien Wiesbaden GmbH
Die Anschrift der Gesellschaft ist: Abraham-Lincoln-Str. 46, 65189 Wiesbaden, Germany

# Was Sie in diesem *essential* finden können

- Eine Einführung in die Grundlagendebatte der Mathematik, Informatik und Philosophie
- Ein Grundlagenprogramm der Berechenbarkeits- und Beweistheorie für die digitale und analoge Welt
- Anwendungen des Grundlagenprogramms für Machine Learning, Künstliche Intelligenz und Big Data
- Bewertung des Grundlagenprogramms für die Zukunft einer digitalisierten Gesellschaft

# Inhaltsverzeichnis

# 1 Einführung

Das 21. Jahrhundert wird von Digitalisierung, Künstlicher Intelligenz und der Arbeit schneller Algorithmen geprägt sein. Ohne theoretische Fundierung bleiben diese Algorithmen aber blind und orientierungslos.

## 1.1 Vom Atomzeitalter zum Zeitalter der Digitalisierung

Als Carl Friedrich von Weizsäcker (1912–2007) im 20. Jahrhundert über die Grundlagen von Physik und Philosophie arbeitete, stand die Welt unter dem Eindruck von Kernwaffen und Kernenergie. Die Verantwortung des Naturwissenschaftlers in der globalisierten Welt wurde erstmals zu einem zentralen Thema. Weizsäcker erkannte aber, dass man zu kurz springt, wenn man sich nur auf die Tagespolitik einlässt. Tatsächlich hing damals die Veränderung der Welt mit grundsätzlichen Umwälzungen des physikalischen Weltbilds zusammen, deren physikalischen und philosophischen Grundlagen aufgearbeitet werden mussten (Weizsäcker 1985).

Im 21. Jahrhundert ist die Digitalisierung eine globale Herausforderung der Menschheit. Spätestens seit Data Mining und Big Data ist der Öffentlichkeit klar, wie sehr unsere Welt von Daten und Algorithmen beherrscht wird. Wie berechenbar ist aber die Welt? Manche glauben, dass es nur noch auf schnelle Algorithmen ankommt, um Lösungen von Problemen in Technik und Wirtschaft zu finden. Selbst in der Ausbildung geht es häufig nur noch um „Business-Modelle" und den schnellen wirtschaftlichen Profit. Bereits die Finanz- und Weltwirtschaftskrise von 2008 hing aber wesentlich mit falsch verstandenen Grundlagen und Voraussetzungen von mathematischen Modellen und Algorithmen zusammen.



K. Mainzer, *Wie berechenbar ist unsere Welt,* essentials,
https://doi.org/10.1007/978-3-658-21298-8_1

Gefährlich wird es besonders dann, wenn wir uns blind auf Algorithmen wie Kochrezepte verlassen, ohne ihre theoretischen Grundlagen und Anwendungs- und Randbedingungen zu kennen. Nur wer die Theorie kennt, kann allgemeingültige Sätze und Theoreme über die Leistungsfähigkeit und Grenzen dieser Algorithmen beweisen. Erst solche „Metatheoreme" garantieren Verlässlichkeit und Korrektheit. Im „theoriefreien" Raum des Probierens befinden wir uns im Blind-, bestenfalls Sichtflug.

Von Heidegger stammt die sarkastische Äußerung: „Die Wissenschaft denkt nicht." (Heidegger 1984, S. 4). Wie immer man seine verkürzten Zuspitzungen bewerten mag: Statt Heideggers „Seinsvergessenheit" in der Wissenschaft wäre in diesem Fall ihre „Theorievergessenheit" zu beklagen. Wenn auch noch das „postfaktische" Zeitalter ausgerufen wird, in dem Fakten und Beweise durch Stimmungen und Gefühle ersetzt werden, ist Wissenschaft vollends im Niedergang.

## 1.2 Von der Grundlagenkrise der Mathematik zur Beweistheorie

Chancen und Risiken werden in der Öffentlichkeit häufig deshalb falsch eingeschätzt, weil die Grundlagen der Algorithmen nicht berücksichtigt werden. Sie sind in der modernen Logik, Mathematik, Informatik und Philosophie tief verwurzelt. Die heutige Debatte um Sicherheit und Verlässlichkeit von Daten und Algorithmen hat große Ähnlichkeit mit der logisch-mathematischen Grundlagendiskussion Anfang des 20. Jahrhunderts – heute allerdings mit gravierenden Konsequenzen in Technik und Wirtschaft. Der Schlüssel zur Lösung dieser Probleme liegt in den logischen Grundlagen von Mathematik und Informatik selber, deren Entwicklung heute zu neuen gemeinsamen Forschungsmethoden und Forschungsperspektiven von Mathematik und Informatik führt.

Historisch entstanden nämlich die Theorien des Beweisens, der Algorithmen und Berechenbarkeit (und damit die Informatik) aus der Grundlagendiskussion von Logik, Mathematik und Philosophie seit Anfang des letzten Jahrhunderts. Seit der Antike wurde die Wahrheit mathematischer Sätze durch logische Beweise in Axiomensystemen begründet. Logisch-axiomatische Beweise wurden zum Vorbild in Wissenschaft und Philosophie. Im 20. Jahrhundert wurde die Mengenlehre zur Grundlagendisziplin der Mathematik. Mathematische Strukturen sollten als mengentheoretische Objekte definiert werden, die auf die Axiome der Mengenlehre zurückzuführen sind. Unbegrenzte Mengenbildung, die in der ursprünglichen Cantorschen Mengenlehre zugelassen war, führte allerdings zu Widersprüchen und Paradoxien. In der Mengenlehre wurden daraufhin einschränkende Axiome

(z. B. nach Zermelo-Fraenkel) eingeführt, um Widersprüche zu vermeiden. Man benutzte aber weiterhin die klassische Logik, nach der die Existenz von mathematischen Objekten durch indirekte Schlüsse bewiesen werden kann, ohne sie konkret zu berechnen bzw. zu konstruieren.

Demgegenüber lassen intuitionistische und konstruktive Mathematik von vornherein nur solche Objekte zu, die direkt konstruiert werden können. Damit sind Widersprüche von vornherein ausgeschlossen, solange konstruktive Verfahren verwendet werden. Diese Denkweise zeigt bereits große Ähnlichkeit zu Algorithmen in der Informatik auf. Die informale Begründung konstruktiver Mathematik, die Errett Bishop vor 50 Jahren einführte, konnte zudem auch von Mathematikern verstanden werden, die nicht in formaler Logik versiert sind (Bishop 1967). Das war auch die Absicht von Paul Lorenzen (1965), der jedoch im Unterschied zu Bishop für die konstruktive Mathematik die klassische Logik zuließ und damit das Grundlagenprogramm von Hermann Weyl fortsetzte (Weyl 1918). Auf diese Weise war eine Verständigungsbrücke zwischen konstruktiver Mathematik und mathematischer Forschungspraxis geschlagen.

## 1.3 Sicherheit in der Mathematik durch automatisierte Beweisassistenten?

Um die Paradoxien der Cantorschen Mengenlehre zu vermeiden, hatte Bertrand Russell eine Typentheorie eingeführt (Russell 1908). Objekte werden nun nicht als Mengen, sondern als Typen definiert – mit großer Ähnlichkeit zu Datentypen in Programmiersprachen. Handelt es sich um Zahlen, logische Operatoren, Funktionen oder Mengen, die als Objekte zu bearbeiten sind? Auch der Computer darf nicht Äpfel mit Birnen verwechseln. In Programmiersprachen sind Datentypen von gravierender Bedeutung, um Programmierfehler zu vermeiden. Die Typentheorie hat sich daher aus heutiger Sicht zu einer tragfähigen Brücke zwischen Mathematik und Informatik entwickelt. In ihrer konstruktiven Version nach dem schwedischen Logiker und Philosophen Per Martin-Löf kann Typentheorie einerseits verwendet werden, um Schritt für Schritt mathematische Strukturen zu repräsentieren (Martin-Löf 1998). Andererseits liefert sie die Grundlage für Beweisassistenten (proof assistants), mit denen mathematische Beweise automatisch auf ihre Korrektheit geprüft werden können.

Es ist eine bemerkenswerte Forschungsperspektive, dass diese Methoden auch für Kontroll- und Korrektheitsprüfungen komplexer Computerprogramme in Technik und Wirtschaft weiterentwickelt werden könnten. Maschinelles Lernen beruht nämlich auf Rechenmodellen des menschlichen Gehirns (neuronale

Netze), von denen nicht im Einzelnen bekannt ist, wie sie ihre Ergebnisse finden. Wie bei den vielen Nervenzellen im Gehirn bleiben die Wechselwirkungen der technischen Neuronen wie in einer Blackbox verborgen. Das wird z. B. bei einem selbstlernenden Fahrzeug zu einem Problem. Wie viel Unfälle sind notwendig, damit das Fahrzeug schließlich gelernt hat, Unfälle zu vermeiden? Daher werden Metaprogramme notwendig, um das Verhalten des Fahrzeugs gemäß der Straßenverkehrsordnung zu kontrollieren. Fehlverhalten zeigt sich in den Theoremen und Beweisen, in denen das jeweilige Verhalten des Fahrzeugs abgebildet werden muss. Es werden aber letztlich Metatheoreme benötigt, um allgemein die Verlässlichkeit und Korrektheit des verwendeten Formalismus von vornherein zu sichern. Dabei kommen Theoreme der mathematischen Beweistheorie zum Einsatz.

Der Ruf nach Sicherheit und Kontrollierbarkeit in der Technik leuchtet jedermann ein. In der Öffentlichkeit ist wenig bekannt, dass auch Mathematiker heute eine ähnliche Erfahrung machen wie Ingenieure bei undurchsichtiger und komplexer Hochtechnologie. Aus der Schule und im Studium sind wir seit Euklids Zeiten gewohnt, dass wir einen mathematischen Beweis Schritt für Schritt logisch nachvollziehen können. Es gab immer schon längere und kürzere Beweise. Aber traditionell konnte ein Mathematiker wenigstens im Prinzip alle Schlussweisen nachvollziehen und kontrollieren. Vor einigen Jahrzehnten tauchten zwar Beweise auf (z. B. Vierfarbensatz), in denen eine große Masse von Fallunterscheidungen nur noch durch einen Computer durchexerziert werden konnte. Aber hier war wenigstens die Korrektheit des Programms für einen Mathematiker prüfbar.

Wir meinen aber etwas anderes und fundamentaleres: Die einzelnen mathematischen Disziplinen sind heutzutage so spezialisiert, dass ein Mathematiker oder eine Mathematikerin ein ganzes Forscherleben lang nur in einem Spezialgebiet einer dieser Disziplinen arbeiten können. Wie in einem Spiegel unserer Gesellschaft hat also die soziologische These von der arbeitsteiligen Gesellschaft auch Einzug in die mathematische Forschung gehalten. Was passiert aber bei hochkomplexen Beweisen, bei denen verschiedene hoch spezialisierte Experten aus verschiedenen Disziplinen zusammenarbeiten müssen? Niemand überschaut mehr den gesamten Beweis, sondern verlässt sich auf die Expertise seiner Kolleginnen und Kollegen, die in ihren jeweiligen Teilgebieten ausgewiesen und anerkannt sind. Das ist vergleichbar zu einer arbeitsteiligen Industrieproduktion, die nun auch in der Mathematik Einzug hält.

Einer der führenden Gegenwartsmathematiker hat diese Erfahrung gemacht und daraus Konsequenzen gezogen. Der Träger der Fields Medaille Vladimir Voevodsky (1966–2017) vom Institute for Advanced Study in Princeton hatte die beiden hochabstrakten Gebiete der algebraischen Geometrie und algebraischen Topologie verbunden, um damit zentrale Vermutungen der Mathematik (Milnor-Vermutung und Bloch-Kato-Vermutung) zu beweisen. Die daraus entstandenen Theorien verbargen aber Fehler, die nach vielen Jahren erst entdeckt wurden. Auch in Beweisen anderer Mathematiker, auf die man sich verlassen hatte, stieß man auf Fehler. Damit war aber keineswegs gesichert, dass in diesen schwierigen Beweisen nicht noch an anderen Stellen Fehler versteckt sind. Diese Erfahrung beunruhigte Voevodsky zutiefst: „*Who would ensure that I did not forget something and did not make a mistake, if even the mistakes in such more simple arguments take years to uncover?*" (Nachruf Vladimir Voevodsky 2017, S. 5). Es ist wie bei dem oben beschriebenen selbstlernenden Fahrzeug, dass zufällig auf ein Hindernis stößt, um es in Zukunft zu vermeiden. Damit lässt sich zwar ein Beispiel eines Unfalls vermeiden. Wo verstecken sich aber die anderen möglichen Unfallursachen? Wie lassen sie sich in Zukunft grundsätzlich vermeiden?

An dieser Stelle erinnern wir an das Formalisierungsprogramm der Mathematik, dass vor hundert Jahren aus der mathematischen Grundlagenkrise entstand. Aus der Not moderner Forschungspraxis begannen Mathematiker wie Voevodsky sich für konstruktive Beweistheorie zu interessieren. Sie ist nicht länger nur Glasperlenspiel für Logiker und Philosophen, die von der mathematischen Forschungspraxis nicht wahrgenommen werden. Neuere Forschungen zeigen, wie eine typentheoretische Formalisierung auch auf anspruchsvolle mathematische Theorien von der algebraischen Topologie und algebraischen Geometrie bis zur Kategorientheorie ausgeweitet werden kann (The Univalent Foundations Program HoTT 2013).

Sicherheit und Kontrolle werden also zu einer zentralen Herausforderung in einer immer komplexer und abstrakter werdenden Forschung und Technik. Es ist keineswegs klar, ob die typentheoretische Formalisierung der alleinige Weg sein wird. Fest steht aber, dass Beweistheorie in Zukunft keineswegs nur als separate Veranstaltung von Logikern verstanden werden sollte, die Mathematiker und Ingenieure nicht zu kümmern braucht. Metatheoreme mit z. B. Korrektheitsbeweisen von mathematischen Formalismen und Computerprogrammen werden eine zentrale Rolle spielen, um dem Blindflug in Forschung und Technik entgegen zu treten. Die logisch-mathematische Grundlagenforschung hat derzeit offenbar einen Punkt erreicht, in dem Disziplinen übergreifende Durchbrüche zu erwarten sind: Neben konstruktiver Typentheorie und Homotopy Type Theory (HoTT) sind auch z. B. eine konstruktive Zermelo-Fraenkel Mengenlehre (Aczel 1978) und die konstruktive Mathematik (im Bishop Stil) zu berücksichtigen. Dazu gehören auch konstruktive reverse Mathematik und das auf den Logiker und Mathematiker Georg Kreisel zurückgehende Proof-Mining, mit dem Computerprogramme aus Beweisen extrahiert werden können. Alle diese Ansätze sind verbunden durch konstruktive Methoden, auf denen praktische Anwendungen der Informatik aufbauen können.

Eine genaue Analyse der aktuellen Forschungstrends zeigt also, dass nun ein geeigneter Zeitpunkt erreicht ist, um zu neuen Innovationen vorzustoßen. Diese Art von Grundlagenforschung sollte die Brücke zwischen Grundlagen und Anwendungen schlagen. Am Ende geht es um die Bändigung von Künstlicher Intelligenz und Digitalisierung, die weit über die Mathematik und Informatik im engeren Sinn hinaus von Bedeutung ist. Davon handelt dieser Essay. Für die Mathematik und Informatik im engeren Sinn sollten Forschungsgruppen eingebunden werden, die sich mit Grundlagenforschung und den damit verbundenen philosophischen Fragen mathematischen Denkens beschäftigen, aber auch Beweisassistenten (z. B. Minlog, Coq, Agda, Isabelle) mit praktischer Anwendung (z. B. formale Verifikation von autonomen Fahrzeugen mit Theorem Proving) entwickeln. Im Zentrum steht ein gemeinsames Grundlagenprogramm, in dem das Denken in Mathematik und Informatik mit Logik und Philosophie auf hohem Niveau verbunden wird. Ein solches Forschungsprofil würde national und international ein echtes Desiderat füllen.

# Berechenbarkeits- und beweistheoretische Grundlagen der digitalen und analogen Welt

# 2

Die Theorie der Algorithmen und Berechenbarkeit erhielt Anfang des letzten Jahrhunderts einen starken Schub durch die Grundlagendebatte in Logik, Mathematik und Philosophie. Tatsächlich hat die digitale Welt von heute ihre theoretischen Wurzeln in dieser Grundlagendebatte und bedarf eines erneuten Grundlagenprogramms mit einer zukunftsweisenden Integration von Logik, Mathematik, Informatik und Philosophie (Mainzer 2018).

## 2.1 Grundlagen der Berechenbarkeit und Beweisbarkeit

Bereits 1936 definierte der britische Computerpionier, Logiker und Mathematiker Alan M. Turing logisch-mathematisch, was ein Computer überhaupt sei – unabhängig von allen technischen Standards und bevor es Computer im heutigen Sinn gab (Turing 1936). Die nach ihm benannte Turingmaschine besteht aus einem Rechenband, das in Feldern eingeteilt ist. Die Felder können mit Symbolen eines endlichen Alphabets bedruckt werden. Das Band ist an seinem linken und rechten Ende unbegrenzt verlängerbar, was der Annahme eines im Prinzip unbegrenzten Rechenspeichers entspricht. Ein Schreib/Lesekopf führt den Druck aus, kann das Band ein Feld nach links oder rechts rücken und schließlich anhalten. Im Fall der Symbole 0, 1 und * (Freizeichen) können beliebige Informationen im Binärcode der Bits verschlüsselt und bearbeitet werden. Eine Turingmaschine besteht aus endlich vielen Instruktionen dieser Art.

Eine zahlentheoretische Funktion heißt Turing-berechenbar, wenn es eine Turingmaschine gibt, die aus den Inputs der Funktionsargumente (z. B. Summanden der Additionsfunktion) den Funktionswert (z. B. eine Summe der Summanden)



K. Mainzer, *Wie berechenbar ist unsere Welt*, essentials,
https://doi.org/10.1007/978-3-658-21298-8_2

berechnet, d. h. nach endlich vielen Schritten der Bearbeitung des Rechenbands stoppt und den Funktionswert ausdruckt. Eine Eigenschaft der natürlichen Zahlen (z. B. gerade Zahl) ist entscheidbar, falls es ein effektives Verfahren (charakteristische Funktion) gibt, mit dem sich für jede natürliche Zahl in endlich vielen Schritten entscheiden lässt, ob diese Eigenschaft zutrifft oder nicht. Im Fall von Turing-Entscheidbarkeit muss die charakteristische Funktion Turing-berechenbar sein.

Mit dem Begriff einer universellen Turingmaschine, mit der sich andere Turingmaschinen simulieren lassen, nahm Turing das Konzept eines heutigen digitalen Vielzweckcomputers (general purpose computer) vorweg, auf dem verschiedene Programme laufen können. Im Prinzip lässt sich jedes Smartphone, jeder Laptop und jeder Supercomputer durch eine Turingmachine simulieren.

Alle zahlentheoretischen Aussagen können wir mit den digitalen Werten 0 und 1 codieren. Daher ist Turings Theorie der Berechenbarkeit, auf dem die Informatik aufbaut, die Grundlage der Digitalisierung. Die Turingmaschine ist mathematisch äquivalent zu vielen anderen Verfahren, die intuitiv ebenfalls effektiv bzw. berechenbar sind (z. B. Registermaschinen, $\mu$-rekursive Funktionen). Daher besagt die berühmte These von Turings Lehrer Alonzo Church, dass jedes effektive Verfahren (Algorithmus) Turing-berechenbar ist. Churchs These unterstreicht also das digitale Paradigma. Sie ist das grundlegende Axiom der Informatik, auf dem die moderne digitale Welt wenigstens theoretisch aufbaut, neben den Axiomen der Mathematik.

Die Berechenbarkeit von Algorithmen in der Informatik ist ebenfalls tief verbunden mit der Beweisbarkeit von Theoremen in der Mathematik. Seit der Antike wurde die Wahrheit von mathematischen Theoremen durch logische Beweise in axiomatischen Beweisen verifiziert. Euklids Bücher („Elemente") galten daher als beispielhaft für exaktes Wissen (Mainzer 1980). Logisch-mathematische Beweise wurden das Paradigma in Wissenschaft und Philosophie. Im Zeitalter des Barocks schlug G.W. Leibniz eine Mathesis Universalis vor, in der Wissen durch Zahlen codiert werden sollte, um es auf Rechenmaschinen berechenbar und entscheidbar zu machen (Scholz 1961). Unter dem Eindruck der formalen Logik stellte sich im 20. Jahrhundert die Frage, ob die wahren Aussagen einer Theorie korrekt, vollständig und widerspruchsfrei in formalen Systemen beschrieben werden können. Logiker, Mathematiker und Philosophen des 20. Jahrhunderts (z. B. Hilbert, Gödel und Turing) zeigten Möglichkeiten und Grenzen der Formalisierung (Lorenzen 1980; Pohlers 1989).

Mathematische Beweise garantieren gelegentlich nur die Existenz einer Lösung, ohne einen effektiven Algorithmus und ein konstruktives Problemlösungsverfahren angeben zu können. Der Grund ist, dass Mathematik normalerweise das logische Gesetz vom ausgeschlossenen Dritten (tertium non datur) voraussetzt, das schon

Aristoteles in seiner Logik herausstellte: Eine Aussage ist entweder wahr oder falsch! Nach diesem Gesetz genügt es, indirekt zu beweisen, dass die Annahme der Nicht-Existenz einer Lösung zu einem Widerspruch führt, also falsch ist. Dann gilt nach dem Tertium non datur das Gegenteil der Annahme – also die Existenz: „Ein Drittes ist nicht gegeben!" (Mainzer 1970). Praktisch ist es ein großer Nachteil, dass indirekte Beweise uns nicht zeigen, wie eine konstruktive Lösung Schritt für Schritt gefunden werden kann (Bishop 1967).

Vom digitalen Standpunkt aus sollten konstruktive Beweise durch digitale Systeme verwirklicht werden. Falls Mathematik auf berechenbare Funktionen von natürlichen Zahlen eingeschränkt wird, erledigen Turingmaschinen diese Aufgabe. Aber in der höheren Mathematik und Physik (z. B. Funktionalanalysis) haben wir es mit Funktionalen und Räumen höheren Typs zu tun. Ein Funktional hat z. B. Funktionen als Argumente und nicht Zahlen. Eine Eigenschaft wie z. B. die Geschwindigkeit eines Moleküls mag noch durch eine Zahl bestimmbar sein. Für ein Ensemble von Molekülen benötigen wir in der statistischen Physik eine Verteilungsfunktion. Betrachten wir die Entwicklungen vieler solcher molekularer Ensembles, benötigen wir Funktionen entsprechender Verteilungsfunktionen, also Funktionale. Mathematisch können wir uns die Einführung von Funktionen höherer Typen beliebig fortgesetzt vorstellen, um Beweise zu realisieren (Kreisel 1959). Daher ist ein allgemeines Konzept eines digitalen Informationssystems notwendig, um endliche Approximationen von Funktionalen höheren Typs zu berechnen. Dabei stellt sich die Frage, wie weit sich entsprechende Funktionale durch konstruktive Verfahren approximieren lassen (Schwichtenberg und Wainer 2012, S. 249 f.).

Im Unterschied zur Maschinenorientierung der Berechenbarkeitstheorie ist die intuitionistische Mathematik in der Philosophie menschlicher Kreativität verwurzelt. Mathematik wird hier als menschliche Aktivität des Konstruierens und Beweisens verstanden. Im strengen Sinn von Brouwers Intuitionismus erhalten wir sogar ein Konzept des reellen Kontinuums und der Unendlichkeit, das sich vom gewöhnlichen Verständnis der klassischen Mathematik unterscheidet (Brouwer 1981).

Intuitionistische Mathematik ist nicht nur interessant, weil sie das logische Gesetz vom ausgeschlossenen Dritten für das Unendliche ausschließt. In diesem Fall würden z. B. indirekte Beweise der klassischen Mathematik ausgeschlossen, und die intuitionistische Mathematik wäre nur ein echter Teil der klassischen Mathematik. Brouwers Verständnis mathematischen Konstruierens and Beweisens geht allerdings weiter und führt zu Theoremen über das Kontinuum, die in der klassischen Mathematik falsch sind (Heyting 1934).

In der Vergangenheit wurden Intuitionismus und klassische Mathematik geradezu als Gegensätze aufgefasst, die sich ideologisch bekämpften: Man sprach in den 1920er Jahren von einer Grundlagenkrise der Mathematik (Weyl 1921).

Unabhängig von ideologischen Standpunkten lassen sich diese Prinzipien jedoch auch als zusätzliche Axiome betrachten, die man wie alle Hypothesen in der Wissenschaft akzeptieren kann oder nicht. Unabhängig von ihrer philosophischen Bedeutung können wir mathematische Implikationen und äquivalente Theoreme dieser Prinzipien untersuchen, um mathematische Theoreme und Theorien entsprechend ihrer Grade der Konstruktivität und Beweisbarkeit zu klassifizieren.

Ziel unseres interdisziplinären Forschungsprogramms ist es, die Gräben zwischen Logik, Mathematik und Informatik zu überwinden. Logik wird gelegentlich als Glasperlenspiel betrachtet, das nur von theoretischem und philosophischen Interesse ohne praktische Relevanz für die gewöhnliche Mathematik und ihre Anwendungen ist. Tatsächlich zeigen die folgenden Ansätze Wege auf, um Theorie mit Anwendung, Philosophie mit Problemlösung zu verbinden.

## 2.2 Grundlagenprogramme des Proof Mining und der reversen Mathematik

So können in den Grundlagenprogrammen des Proof Mining und der reversen Mathematik Grade der Konstruktivität und Beweisbarkeit unterschieden werden, um Problemlösungen und Beweise für verschiedene mathematische Anwendungen zu klassifizieren. Proof Mining benutzt logisch-beweistheoretische Methoden, um verborgene quantitative und berechenbare Information aus ineffektiven Beweisen zu extrahieren (Kohlenbach 2008). Damit können in geeigneten Fällen z. B. berechenbare Schranken für Suchprozesse des Problemlösens gefunden werden. Proof Mining kann also unter geeigneten Bedingungen klären, wieweit ein Beweis von einem konstruktiven Verfahren entfernt ist. Das Forschungsprogramm des Proof Mining geht auf Georg Kreisels beweistheoretische Arbeiten zurück. Er bezeichnete die Extraktion von effektiven Verfahren aus Beweisen als „unwinding proofs", also anschaulich das „Herauswinden" von (konstruktiven) Verfahren aus gegebenen Beweisen (Fefermann 1996).

Vom theoretischen Standpunkt aus werden im Proof Mining Logik, Mathematik und Informatik miteinander verbunden. Logik ist nicht länger nur eine formale Aktivität neben und unabhängig von Mathematik. Metatheoreme des Proof Mining verbinden vielmehr als semi-formale Regeln formale Theorien mit mathematischen Strukturen, um unter geeigneten Umständen konstruktive Lösungen zu finden. In diesem Sinn sind Beweise mehr als Verifikation von Theoremen.

Vom praktischen Standpunkt aus hat die Beweistheorie auch Konsequenzen in angewandter Informatik. Anstelle von formalen Theorien und Beweisen betrachten wir formale Modelle und Computerprogramme von Prozessen z. B.

in der Industrie. Formale Ableitungen von Formeln entsprechen z. B. Schritten der Industrieproduktion. Automatisches Beweisen von Theoremen wird z. B. beim Design von Software und bei Verifikationsverfahren angewendet. Software und Hardware Design muss verifiziert werden, um kostspielige und lebensbedrohliche Irrtümer zu vermeiden. Gefährliche Beispiele in der Vergangenheit waren Fehler in den Mikrochips von Weltraumraketen und in der medizinischen Ausrüstung. Netzsicherheit im Internet ist eine Herausforderung für Banken, Regierungen und Wirtschaftsorganisationen. Im Zeitalter von Big Data und wachsender Komplexität unserer Lebensbedingungen werden genaue Beweise und Tests dringend notwendig, um eine gefährliche Zukunft mit exponentiell wachsender Computerpower unter Kontrolle zu halten.

Extraktionen von effektiven Informationen und Verfahren aus Beweisen der elementaren Zahlentheorie werden auf z. B. numerische Analysis und Funktionalanalysis ausgeweitet, die (wie bereits erläutert) für praktische Anwendungen bedeutend sind. Der Grundgedanke ist, dass Beweise durch mehr oder weniger konstruktive und berechenbare Funktionale charakterisiert werden können. Tatsächlich lassen sich diese Funktionale als Elemente von Informationssystemen mit unterschiedlichen Graden der Komplexität auffassen (Scott 1982; Schwichtenberg und Wainer 2012). Historisch begann Gödel mit der Klasse der primitiv rekursiven Funktionale, die in seiner sogenannten Dialectica-Interpretation erweitert wurde (Gödel 1958). Später wurde eine Vielzahl ähnlicher Interpretationen studiert, um Beweise in verschiedenen mathematischen Theorien zu analysieren.

Manchmal führen funktionale Interpretationen sogar zu Extraktionen von effektiven Computerprogrammen, um Beweise automatisch zu realisieren. Erwähnt seien interaktive Beweisassistenten wie Coq (Bertot und Castéran 2004), HOL, Isabelle (Nipkow et al. 2013), oder MINLOG (Schwichtenberg 2006). MINLOG geht von einem natürlichen Verständnis konstruktiver Logik aus. Das automatische Beweisen von Theoremen hat sogar technische und gesellschaftliche Auswirkungen, um Irrtümer und Fehler im Entwurf von Software und Hardware, im Internet und Kommunikationssystemen zu vermeiden. Daher sind diese Forschungen wesentliche Durchbrüche, um Beweistheorie mit Informatik und Mathematik zu verbinden.

Die Verbindung von Beweistheorie, Mathematik und Informatik wird ebenfalls durch das Forschungsprogramm der reversen Mathematik unterstützt. Reverse Mathematik bestimmt die beweistheoretische Stärke, den Grad der Berechenbarkeit und Komplexität von Theoremen, um sie entsprechend äquivalenter Theorien und Beweise zu klassifizieren. Viele Theoreme der klassischen Mathematik können durch Teilsysteme der Arithmetik zweiter Ordnung klassifiziert werden, deren Variablen sich auf natürliche Zahlen, Mengen und Funktionen von natürlichen Zahlen beziehen.

Allerdings kann die gesamte Mathematik nicht auf effektive Verfahren reduziert werden. Vielmehr gibt es Grade von Konstruktivität, Berechenbarkeit und Beweisbarkeit. Wie stark muss eine Theorie sein, um ein bestimmtes Theorem zu beweisen? Es liegt daher nahe, diejenigen Axiome zu bestimmen, die für einen Beweis eines Theorems notwendig sind. Wie konstruktiv und berechenbar sind diese Annahmen? In der Tradition von Euklid wird „vorwärts" von Axiomen auf die entsprechenden Theoreme geschlossen. Wir könnten aber auch versuchen, „rückwärts" von den Theoremen ausgehend auf die notwendigen Axiome zu schließen. Dieses Forschungsprogramm wird reverse Mathematik genannt (Friedman 1975). Falls ein Axiomensystem S ein Theorem T beweist und Theorem T zusammen mit Axiomensystem S' das Axiomensystem S beweist, dann wird S äquivalent zu Theorem T über S' genannt. In der reversen Mathematik versucht man also Grade der Konstruktivität und Berechenbarkeit dadurch zu bestimmen, dass man mathematische Theoreme als äquivalent mit Subsystemen der Arithmetik beweist. Die Formeln dieser arithmetischen Subsysteme können durch verschiedene Grade von Komplexität unterschieden werden (Simpson 2005).

Seit der frühen Neuzeit werden reelle Zahlen numerisch als unendliche Dezimalbruchentwicklungen dargestellt, die sich als unendliche Folgen und damit Mengen von rationalen Zahlen („Brüchen") auffassen lassen. Der dafür verwendete Prototyp sind die Fundamental- bzw. Cauchy-Folgen. In der reversen Mathematik lassen sich Theoreme und Prinzipien der reellen Mathematik (d. h. Mathematik mit reellen Zahlen) durch äquivalente Subsysteme der Arithmetik mit verschiedenen Graden der Konstruktivität und Berechenbarkeit charakterisieren (Ishihara 2005). Einige dieser Prinzipien entsprechen der Turing-Berechenbarkeit, andere aber nicht und benötigen Methoden jenseits der Turing-Berechenbarkeit. In diesem Sinn lässt sich beweisen, dass nur Teile der Mathematik sich auf das digitale Paradigma zurückführen lassen. Reverse Mathematik ist offenbar ein wichtiges Forschungsprogramm, um die Verbindungen zwischen Mathematik, Informatik und Logik zu klären und zu vertiefen.

## 2.3 Von der intuitionistischen Typentheorie zu HoTT

Eine andere wichtige Brücke zwischen Logik, Mathematik und Informatik ist die Typentheorie. Typen von Daten bzw. Termen werden sowohl in Computerprogrammen der Informatik als auch in formalen Systemen der Mathematik unterschieden, um Softwarefehler bzw. logische Paradoxien zu unterscheiden. Der schwedische Logiker und Philosoph Per Martin-Löf führte eine intuitionistische Typentheorie ein, die sowohl eine philosophische Begründung der konstruktiven

Mathematik als auch einen Beweisassistenten in der Informatik bietet (Martin-Löf 1998). Martin-Löfs intuitionistische Typentheorie war ein wichtiger Schritt zu beweistheoretisch starken Beweisassistenten wie z. B. Coq (Coquand und Huet 1988).

Eine beeindruckende Entwicklung ist das Grundlagenprogramm univalenter Mathematik am Institute for Advanced Study (Princeton), das eine neue Semantik für eine Typentheorie von Geometrie und Topologie bis zu abstrakten mathematischen Kategorien liefert (The Univalent Foundations Program 2013). Eine Weiterführung der intuitionistischen Typentheorie ist die Homotopie Typentheorie (homotopy type theory), die Formalisierungen von mengentheoretischen Objekten auf Kategorien und großen Kardinalzahlen erweitert. In der Homotopy Type Theory (HoTT) treten formale Typen an die Stelle von Mengen, mathematische Strukturen und Kategorien. Der Grundgedanke dabei ist, dass Typen als Räume und ihre Elemente als Punkte der Räume aufgefasst werden. Beweise für die Gleichheit der Elemente von Typen entsprechen bei dieser Interpretation den Pfaden, mit denen die entsprechenden Punkte im Raum verbunden sind. In der Homotopietheorie lässt sich damit eine neue Klasse von Modellen für Typentheorien definieren: Geometrisch-topologische Intuition in der Mathematik eröffnet neue Methoden in Beweistheorie und Programmiersprachen. Schließlich führt Voevodsky‘s Univalence Axiom (UA) zu Typentheorien, in denen isomorphe Strukturen als identisch behandelt werden können. Homotopy type theory (HoTT) versucht also eine universelle („univalente") Begründung dieser Mathematik ebenso wie eine Grundlegung entsprechender Computersprachen und Beweisassistenten. Die Schlüsselfrage dabei ist, wie weit sich konstruktive Beweismethoden für das mathematische Denken ausweiten lassen.

Philosophisch sind die konstruktiven Grundlagen der Mathematik mit den erkenntnistheoretischen Grundlagen effizienten Denkens tief verbunden. Dabei spielt das methodische Prinzip theoretischer Sparsamkeit bei Erklärungen, Beweisen und Theorien eine große Rolle. So forderte der mittelalterliche Logiker und Philosoph William von Ockham (1285–1347), dass Erklärungen und Beweise mit möglichst geringer Anzahl von theoretischen Annahmen und abstrakten Prinzipien (Universalien) zu bevorzugen seien. Nach Ockham sind nämlich Universalien (mathematisch Mengen von Objekten, Mengen von Mengen etc.) nur Abstraktionen von konkreten Objekten ohne eigene Existenz (Ockham 1967–1988). Ockhams Prinzip der methodischen Sparsamkeit wurde später als Ockhams Rasiermesser populär, das diese Universalien „abschneiden" und so weit als möglich reduzieren sollte. Es stellt allerdings die Frage, wieweit diese Reduktion ohne Verlust wesentlicher Information möglich ist.

## 2.4 Real Computing und analoge neuronale Netze

Offenbar liegt ein Graben zwischen der digitalen Welt der Computer und vielen nicht-digitalen Theorien der Mathematik. So hängen mathematische Basisdisziplinen wie die Analysis von stetigen Funktionen und reellen Zahlen ab. In der klassischen Physik wird die Dynamik (z. B. Bewegungen und Beschleunigungen) in der Natur durch stetige Kurven und Differenzialgleichungen modelliert. Ihre Lösungen entsprechen physikalischen Ereignissen, die als kausale Wirkungen unter bestimmten Bedingungen vorausgesagt und erklärt werden können. Wenigstens nach der klassischen Physik macht die Natur, wie Leibniz sich ausdrückte, „keine Sprünge". Aber auch in der Quantenphysik werden reelle und komplexe Zahlen verwendet, um fundamentale Gesetze durch Differenzialgleichungen (z. B. Schrödingergleichung) zu formulieren.

Auch unsere Wahrnehmungen der Welt scheinen stetig zu sein: Unsere körperlichen Sinnesorgane empfangen analoge Signale von z. B. elektromagnetischen und akustischen Wellen. Hinter diesen Beispielen verbirgt sich ein alter und tiefer Streit in der Philosophie, ob die Natur diskret oder kontinuierlich sei. Am Anfang dieser Debatte durch die Jahrhunderte stehen die Positionen von Demokrits Atomismus und Aristoteles Kontinuum. In der Technik unterscheiden wir heute zwischen digitaler und analoger Signalverarbeitung.

In der Mathematik gab es bereits eine alte Tradition von reellen Algorithmen, lange bevor sich im 20. Jahrhundert das digitale Forschungsparadigma durchsetzte. Seit der Antike wurden Unentscheidbarkeitsprobleme von geometrischen Konstruktionen (z. B. Winkeldreiteilung mit Zirkel und Lineal) diskutiert (Mainzer 1980). Die endgültige Antwort wurde erst zu Beginn des 19. Jahrhunderts in der Galois Theorie gefunden, wonach polynomiale Gleichungen vom Grad 5 und mehr nicht durch Wurzeln gelöst werden können. Hier geht es offensichtlich um reelle Zahlen (Ebbinghaus et al. 1991, Kap. 2). Auch in der Analysis gibt es eine lange Tradition reeller Algorithmen, die zur modernen numerischen Mathematik führt. Erinnert sei an die Newtonsche Methode, um (angenäherte) Nullstellen von Polynomen einer Variablen zu finden. Historisch war die Newtonsche Methode einer der ersten Suchalgorithmen der numerischen Analysis und des wissenschaftlichen Rechnens (scientific computing).

Auf numerische Mathematik beziehen sich heute Algorithmen aller Art, um schwierige („nichtlineare") Gleichungen der Physik, in Klimamodelle, bei Wetterprognosen oder für die Finanzmathematik zu lösen. Daher benötigen wir nicht nur logisch-mathematische Grundlagen des digitalen Computing in der Turing Tradition, sondern auch reelle Algorithmen. Sie haben eine lange Tradition in der Mathematik von Newton, Gauß, Euler u. a. bis zur modernen numerischen Analysis und dem wissenschaftlichen Rechnen.

Was bedeutet aber reelle Berechenbarkeit und Entscheidbarkeit? Es ist auf den ersten Blick überraschend, dass die digitale Welt der natürlichen Zahlen komplizierter zu sein scheint als die stetige Welt der reellen Analysis, obwohl Zählen von natürlichen Zahlen kinderleicht ist und die natürlichen Zahlen eine (echte) Teilmenge der reellen Zahlen bilden. Aus Kurt Gödels berühmtem Theorem von 1931 folgt, dass es über den ganzen Zahlen definierbare Mengen gibt, die nicht entscheidbar sind. Demgegenüber folgt aus Untersuchungen von Alfred Tarski von 1951, dass jede über den reellen Zahlen definierbare Menge auch über den reellen Zahlen (in beschränkter Zeit) entscheidbar ist.

In welchem Umfang lassen sich die Resultate der Berechenbarkeit und Entscheidbarkeit von der digitalen auf die reelle Mathematik übertragen? Für reelle Berechenbarkeit in der Mathematik benötigen wir dazu eine Erweiterung der digitalen Berechenbarkeit jenseits der Turing-Berechenbarkeit. Reelle Rechenmaschinen lassen sich als idealisierte Analogcomputer auffassen, die reelle Zahlen als gegebene unendliche Objekte akzeptieren (Blum et al. 1998). Dieses Konzept ist nicht nur theoretisch interessant, sondern inspiriert auch die Rechenpraxis des wissenschaftlichen Rechnens (scientific computing), die Sensortechnologie und die körperliche Analogwelt der Sinnesorgane.

Entscheidungsmaschinen und Suchprozesse können über reellen und komplexen Zahlen eingeführt werden. Selbst eine universelle Maschine (Turings verallgemeinerte universelle Maschine in der digitalen Welt) lässt sich allgemein über einem mathematischen Ring (und damit auch über reellen und komplexen Zahlen) definieren. Auf dieser Grundlage können Entscheidbarkeit und Nicht-Entscheidbarkeit theoretischer und praktischer mathematischer Probleme (z. B. Mandelbrotmenge, Newtons Methode) präzise bewiesen werden.

Wie in der digitalen Welt lassen sich Komplexitätsstufen des Real Computing unterscheiden. Polynomiale Zeitreduktionen ebenso wie die Klasse der NP-Probleme werden über einem allgemeinen mathematischen Ring untersucht. Reelle Berechenbarkeit kann schließlich auf eine polynomiale Hierarchie für unbeschränkte Maschinen über einem mathematischen Körper ausgeweitet werden (Blum et al. 1998).

Spannend sind die Konsequenzen des Real Computing für neuronale Netzwerke. Neuronale Netze sind Modelle natürlicher Gehirne in der Evolution mit unterschiedlichen Komplexitätsgraden. Sie sind mathematisch äquivalent zu Rechenmaschinen mit verschiedenen Komplexitätsgraden von endlichen Automaten bis zu Turingmaschinen. Praktisch werden neuronale Netze auf digitalen Computern simuliert und sind (bisher jedenfalls) keine technisch gebauten Systeme: Technische Gehirne im buchstäblichen Sinn gibt es also (noch) nicht! Computerprogramme können formale Sprachen entsprechend ihren Berechenbarkeitsgraden verstehen. Mit Bezug auf ihr jeweiliges Sprachverständnis sind Automaten und Computer zu passenden neuronale Netzen mathematisch äquivalent. So lässt sich eine Hierarchie von Automaten und Maschinen wachsender Komplexität unterscheiden, die zu passenden neuronalen Netze äquivalent sind, um Sprachen wachsender Komplexität zu erkennen (Mainzer 2016a, Kap. 10.2). Biologisch könnte man nach passenden Gehirnen in der Natur suchen, die solchen neuronalen Netzen entsprechen.

Ein einfaches Beispiel sind endliche Automaten, die einfache (reguläre) Sprachen verstehen. Man denke in der Technik z. B. an Fahrkartenautomaten, die Instruktionen zum Ziehen eines Fahrtickets verstehen. Endliche Automaten sind äquivalent zu einem einfachen neuronalen Netz, bei dem die Zahlengewichte der synaptischen Verbindungen ganze Zahlen sind. Dazu passend könnte in einem einfachen Organismus ein einfaches neuronales Netz mit Reaktionsmechanismen für gegebene Reize gesucht werden. Turingmaschinen erkennen bereits Chomsky-Grammatiken (d. h. natürliche Sprachen, soweit sie mit Chomsky-Grammatiken rekursiv aufgebaut sind). Tatsächlich sind Turingmaschinen äquivalent zu mehrschichtigen neuronalen Netzen mit rationalen Zahlen als synaptischen Zahlengewichten, die ebenfalls Sprachen mit Chomsky-Grammatiken erkennen.

Lässt man auch reelle (nicht-berechenbare) Zahlen als synaptische Gewichte zu, können solche Netze sogar nicht-rekursive natürliche Sprachen verstehen (Siegelmann 1999). Solche Analognetze entsprechen natürlichen Gehirnen, die neben dem digitalen Feuern der Neuronen (entweder erregt oder nicht erregt) auch analoge Größen (wie die graduelle Stärke neurochemischer Synapsen) aufweisen. Mathematisch sind Analognetze äquivalent mit Turingmaschinen, die zusätzlich mit sogenannten Orakeln ausgestattet sind: Orakel können neben den berechenbaren Abläufen in einer Turingmaschine auch auf nicht-berechenbare und nicht-entscheidbare Informationen zurückgreifen. Orakelmaschinen sind also Modell jenseits der digitalen Turing-Berechenbarkeit. Wegen der Äquivalenz mit Analognetzen erweist sich also das menschliche Gehirn damit als stärker als digitale Turingmaschinen.

## 2.5 Information als fundamentaler Grundbegriff der physikalischen Realität?

Gehirne und Computer sind Beispiele von informationsverarbeitenden Maschinen. Was bedeutet aber Information? Dazu unterscheiden wir die Komplexität algorithmischer Information. Komplexe Aufgaben erfordern häufig nicht nur lange Rechenzeiten, sondern auch umfangreiche Computerprogramme mit vielen

Programmzeilen, die von einem Computer abgearbeitet werden müssen. In der Praxis müssen solche Programmzeilen in Chips untergebracht werden, die nicht beliebig miniaturisierbar sind. Daher ist neben der Rechenzeit auch die Größe eines Programms ein wichtiges Komplexitätsmaß. Da ein Programm aus einer endlichen Liste von Symbolen besteht, kann seine Länge als Anzahl der Binärsymbole 0 und 1 in Binärcodierung definiert werden. Als Beispiel betrachten wir drei Binärfolgen:

$$s_1 = 111111111111111111$$
$$s_2 = 010101010101010101$$
$$s_3 = 011010001101110100$$

Für die Binärfolgen $s_1$ und $s_2$ gibt es kürzere Beschreibungen oder Druckprogramme als ihr Ausdruck: „18 mal 1“ für $s_1$ und „9 mal 01“ für $s_2$. Für $s_3$ scheint es keine kürzere Beschreibung zu geben als der Ausdruck selber. Algorithmische Komplexität misst den algorithmischen Informationsgehalt einer Symbolfolge und ist Gegenstand der algorithmischen Informationstheorie.

Formal wird daher die algorithmische Komplexität einer binären Sequenz $s$ als das kürzeste Programm einer universellen Maschine definiert, das selber als binäre Sequenz $s^*$ geschrieben werden kann und $s$ reproduziert (Chaitin 1969; Kolmogorov 1965; Solomonoff 1964). So sind die binären Codierungen $s_1^*$ und $s_2^*$ von „18 mal 1“ und „9 mal 01“ kürzer als $s_1$ und $s_2$ und reproduzieren jeweils $s_1$ und $s_2$. Daher haben $s_1$ und $s_2$ niedrige algorithmische Komplexität.

Das Konzept algorithmischer Information ist eng mit Gödels Unvollständigkeit und dem Halteproblem von Turingmaschinen verbunden (Chaitin 2007). Gesetze und Theorien lassen sich ebenfalls als algorithmische Informationskompression verstehen: Ein mathematisches Gesetz wie Maxwells elektrodynamische Gleichungen hält das Wesentliche über Elektrodynamik fest – nicht mehr und nicht weniger. Wie bereits Einstein forderte: Wissenschaft soll sich einfach ausdrücken, aber nicht zu einfach. Dann wird die Information verfälscht, da Information verloren geht. Methodisch kommt hier wieder nichts anderes zum Ausdruck als Ockhams Prinzip der methodischen Sparsamkeit.

Chaitins Begriff algorithmischer Information ist physikalisch nur auf statische Gleichgewichtssysteme anwendbar. Komplexe Strukturen wie das Leben können aber physikalisch nur in Phasenübergängen komplexer dynamischer Systeme jenseits des thermischen Gleichgewichts entstehen (Mainzer und Chua 2013). Für dynamische Systeme in der „realen“ Welt der Physik, Chemie und Biologie benötigen wir daher ein Konzept stetigen Informationsflusses, das auch auf Phasenübergängen jenseits des thermischen Gleichgewichts anwendbar ist. Wir unterscheiden dazu Informationsmaße von Shannons Informationsentropie bis zur Kolmogorov-Sinai Entropie (Mainzer 2007, 2016b). Bis zu welchem Grad lässt sich stetige Dynamik auf diskrete symbolische Dynamik reduzieren?

Allgemein stellt sich die Frage nach der digitalen Grundlage physikalischer Realität. Unter dem Eindruck der Quantenphysik lässt sich das Universum als gigantisches Informationssystem mit Quantenbits als elementaren physikalischen Zuständen verstehen. David Deutsch (1985) diskutierten Quantenversionen der Turing-Berechenbarkeit und Churchs These. Diese Ergebnisse sind zwar für die Grundlagen von Quantencomputern interessant, bleiben aber auf das digitale Paradigma des Rechnens beschränkt. Um das „reale" Universum mathematisch zu modellieren, bedarf es auch des Real Computing. Dabei stellt sich die Frage, ob stetige Modelle nur zweckmäßige Approximationen einer eigentlich diskreten Realität sind.

Die Grundlagendebatte über digital und analog, diskret und stetig hat fundamentale Konsequenzen für die Physik. In der klassischen Physik wird angenommen, dass reelle Zahlen stetigen Zuständen der physikalischen Realität entsprechen. So werden elektromagnetische und gravitative Felder durch stetige Mannigfaltigkeiten modelliert. Effektive Prozesse einer als stetig angenommenen physikalischen Realität werden mit reellen Zahlen berechnet (real computing). Entsprechende Differenzialgleichungen lassen sich z. B. in der Füssigkeits-, Strömungs- oder Elektrodynamik veranschaulichen (Haken 1990).

In der modernen Quantenphysik ist demgegenüber die Vorstellung einer „gekörnten" Realität passender. Quantensysteme (wie z. B. Atome und Elementarteilchen) sind durch diskrete Quantenzustände bestimmt, die sich als Quantenbits auffassen lassen. An die Stelle von klassischen Informationssystemen nach dem digitalen Konzept einer Turingmaschine treten Quanteninformationssysteme mit Quantenalgorithmen und Quantenbits. Wir sprechen dann von der digitalen Physik. Information und Informationssysteme sind nicht nur Grundbegriffe der Nachrichtentechnik und Informationstheorie, sondern fundamental für die Physik überhaupt (Mainzer 2016b).

Lässt sich aber die reale Welt auf einen Quantencomputer als erweitertes Konzept einer universellen Quanten-Turingmaschine zurückführen? „It from bit" („Alles aus bit"), verkündete der Physiker John A. Wheeler (1990). Andererseits sind fundamentale Symmetrien der Physik stetig (Mainzer 1988). Einsteins Raum-Zeit ist ebenfalls stetig. Handelt es sich dabei nur um Abstraktionen (im Sinn Ockhams) und Approximationen einer diskreten Realität?

Einige Autoren nehmen einen diskreten kosmischen Anfang mit einem winzigen, aber endlichen Quantensystem an, das sich explosionsartig auf kosmische Dimensionen ausbreitete. Dieser Vorgang wird als „inflationäres Universum" bezeichnet. Das winzige Anfangssystem konnte nach den Gesetzen der Quantenphysik (Heisenbergs Unschärferelation) nicht vollkommen homogen sein, sondern musste diskrete Unschärfen aufweisen, die quasi als Zündfunken die explosionsartige Ausbreitung auslösten. Erst nach der kosmischen Ausbreitung lassen sich makroskopische Systeme approximativ durch stetige Mathematik modellieren. Nach dieser Auffassung ist die physikalische Realität diskret und stetige Mathematik mit reellen Zahlen nur eine (wenn auch geniale) menschliche Erfindung, um Rechenprozesse elegant zu behandeln.

Offenbar benutzen physikalische Gesetze (einschließlich Quantenphysik) reelle Zahlen und die Mathematik des Kontinuums. Philosophisch wäre noch ein extremer platonischer Standpunkt denkbar, wonach nicht die diskrete Quantenwelt die tiefste Schicht der Realität ist: Das Universum mathematischer Strukturen und Kategorien ist danach die eigentliche Realität. Physikalische Räume und physikalische Strukturen wären nur einige Beispiele, die in die mathematische Welt eingebettet sind.

Unabhängig von allen ontologischen Spekulationen ist Mathematik jedenfalls grundlegend für Wissenschaft und Technik. Auch deshalb kann sie nicht auf digitale Größen und das Diskrete der Informatik reduziert werden. Vielmehr sollten wir Grade der Konstruktivität, Berechenbarkeit und Beweisbarkeit unterscheiden – im Sinn von Real Computing, Proof Mining, reverser und univalenter Mathematik.

# 3 Technische Anwendungen und gesellschaftliche Perspektive

Technische Anwendungen und gesellschaftliche Perspektiven des geforderten integrierenden Grundlagenprogramms der Digitalisierung werden an Beispielen des Machine Learning (selbstlernende Automobile), der Künstlichen Intelligenz (Poker als Beispiel für Entscheidungen mit beschränkter Rationalität) und algorithmisierten Gesellschaft (Blockchain und Bitcoin) diskutiert.

## 3.1 Big Data und Machine Learning dominieren unsere Welt

Wir leben in einem datengetriebenen (data-driven) Zeitalter, dessen Entwicklung durch exponentielle Wachstumsgesetze von Datenmengen, Rechner- und Speicherkapazitäten beschleunigt wird (Pietsch et al. 2017). Manche Autoren halten theoretische Fundierungen bereits für überflüssig, da in der Wirtschaft immer effizientere Algorithmen immer schneller immer bessere Kunden- und Produktprofile voraussagen. Andere prophezeien eine neue Form der Forschung, die ebenfalls nur noch auf effiziente Algorithmen und Computerexperimente setzt, die angeblich „traditionelle" mathematische Theorien überflüssig machen. Diese Parolen sind brandgefährlich, haben aber einen richtigen Kern. Gefährlich sind diese Positionen deshalb, da Theorien ohne Daten zwar leer, aber Daten und Algorithmen ohne Theorie blind sind und unserer Kontrolle entgleiten. Richtig ist, dass sich der traditionelle Theoriebegriff in vielfacher Weise verändert, sowohl beim Entdecken und Finden von Hypothesen durch Machine Learning also bei theoretischen Erklärungen durch Computerexperimente und der Voraussage durch Predictive Analytics. Entscheidend ist aber vor allem die Prüfung und Kontrolle von


K. Mainzer, *Wie berechenbar ist unsere Welt*, essentials,
https://doi.org/10.1007/978-3-658-21298-8_3

Algorithmen, die durch Berechenbarkeits- und Beweistheorie möglich werden. Nur so können wir sicher sein, dass uns am Ende Big Data mit ihren Algorithmen nicht um die Ohren fliegen.

Machine Learning mit neuronale Netzen orientiert sich mit geeigneten Netzwerktopologien und Lernalgorithmen an der Informationsverarbeitung von Gehirnen (Mainzer 2016a): Neuronen (Nervenzellen) sind untereinander durch Synapsen verbunden, durch die neurochemische Signale wandern. Im grafischen Modell werden Neuronen durch Knoten und Synapsen durch Kanten verbunden. Kanten sind durch Zahlen gewichtet, mit denen die Intensität der neurochemischen Verbindung durch Synapsen angezeigt wird. Aufgrund der Hebbschen Regel feuern Neuronen ein Aktionspotenzial ab, wenn die Summe der gewichteten Inputs von Nachbarzellen einen Schwellenwert überschreitet. Zudem sind die Neuronen in Schichten angeordnet, was dem Aufbau des Neocortex im menschlichen Gehirn entspricht. Lernen bedeutet auf der neuronalen Ebene, dass erregte Neuronen sich in Verschaltungsmustern verbinden. In der Neuropsychologie kommt hinzu, dass solche Verschaltungsmuster mit kognitiven Zuständen wie Wahrnehmungen, Vorstellungen, Gefühlen, Denken und Bewusstsein verbunden sind. Im Modell neuronaler Netze werden diese Verschaltungsvorgänge durch Lernalgorithmen modelliert, mit denen die synaptischen Zahlengewichte verändert werden, da sie für die Intensität der jeweiligen neuromischen Stärke der synaptischen Verbindungen in einem Verschaltungsmuster stehen.

Ähnlich wie in der Psychologie werden verschiedenen Arten von Lernalgorithmen unterschieden. Beim überwachten Lernen wird dem neuronalen Netz zunächst ein Prototyp beigebracht. Das könnte z. B. das Verteilungsmuster der Pixel eines Gesichts sein. Die lokalen Stärken von Färbungen und Schattierungen werden durch entsprechende synaptische Zahlengewichte dargestellt. Man spricht auch vom Trainieren eines neuronalen Netzes, um die Zahlengewichte passend einzustellen. Durch Abgleich mit einem eintrainierten Prototyp kann z. B. ein Gesicht unter einer Vielzahl von Gesichtern wiedererkannt werden.

Beim nicht-überwachten Lernen ist das neuronale Netz in der Lage, selbstständig Ähnlichkeiten von Daten zu erkennen, um sie entsprechend zu klassifizieren. So kommt es, dass solche neuronalen Netze mit ihren Algorithmen das Gesicht z. B. einer Katze erkennen können, ohne vorher beigebracht bekommen zu haben, was eine Katze überhaupt sei.

Beim verstärkenden Lernen (reinforcement learning) wird dem System zunächst eine Aufgabe beigebracht, die es dann mehr oder weniger selbstständig lösen soll. Es könnte sich z. B. um einen Roboter handeln, der selbstständig einen Weg zu einem vorgegebenen Ziel finden soll. Beim Lösen dieser Aufgabe bekommt der

Roboter ständig Rückmeldungen (rewards) in bestimmten Zeitintervallen, wie gut oder wie schlecht er dabei ist, den Weg bzw. die Aufgabenlösung zu finden. Die Lösungsstrategie besteht darin, diese Folge von Rückmeldungen zu optimieren.

Deep Learning bezieht sich einfach auf die Tiefe des neuronalen Netzes, die der Anzahl der neuronalen Schichten entspricht. Bei einem Wahrnehmungsvorgang werden auf der ersten neuronalen Schicht nur farbige Pixel unterschieden, die auf der nächsten Schicht zu Ecken und Kanten verbunden werden, um auf der dritten Schicht in Teilen von Gesichtern eingefügt zu werden und schließlich auf der vierten Schicht ganze Gesichter wiederzugeben. Was im mathematischen Modell schon seit den 1980er Jahren bekannt war, wird erst seit wenigen Jahren technisch realisierbar, da nun die notwendige Rechenpower vorliegt (z. B. Google Brain mit 1 Mio. Neuronen und 1 Mrd. Synapsen). Dabei ist die Technik keineswegs an die kleine Zahl von neuronalen Schichten gebunden, sondern lässt sich je nach zur Verfügung stehender Rechenpower beliebig steigern, um die Effizienz des Systems zu verbessern.

Ein hochaktuelles Anwendungsbeispiel sind selbst-lernende Fahrzeuge: So kann ein einfaches Automobil mit verschiedenen Sensoren (z. B. Nachbarschaft, Licht, Kollision) und motorischer Ausstattung bereits komplexes Verhalten durch ein sich selbst organisierendes neuronales Netzwerk erzeugen. Werden benachbarte Sensoren bei einer Kollision mit einem äußeren Gegenstand erregt, dann auch die mit den Sensoren verbundenen Neuronen eines entsprechenden neuronalen Netzes. So entsteht im neuronalen Netz ein Verschaltungsmuster, das den äußeren Gegenstand repräsentiert. Im Prinzip ist dieser Vorgang ähnlich wie bei der Wahrnehmung eines äußeren Gegenstands durch einen Organismus – nur dort sehr viel komplexer.

Wenn wir uns nun noch vorstellen, dass dieses Automobil mit einem „Gedächtnis" (Datenbank) ausgestattet wird, mit dem es sich solche gefährlichen Kollisionen merken kann, um sie in Zukunft zu vermeiden, dann ahnt man, wie die Automobilindustrie in Zukunft unterwegs sein wird, selbst-lernende Fahrzeuge zu bauen. Sie werden sich erheblich von den herkömmlichen Fahrerassistenzsystemen mit vorprogrammiertem Verhalten unter bestimmten Bedingungen unterscheiden. Es wird sich um ein neuronales Lernen handeln, wie wir es in der Natur von höher entwickelten Organismen kennen.

Wie viele reale Unfälle sind aber erforderlich, um selbstlernende („autonome") Fahrzeuge zu trainieren? Wer ist verantwortlich, wenn autonome Fahrzeuge in Unfälle verwickelt sind? Welche ethischen und rechtlichen Herausforderungen stellen sich? Bei komplexen Systemen wie neuronalen Netzen mit z. B. Millionen von Elementen und Milliarden von synaptischen Verbindungen erlauben zwar die Gesetze der statistischen Physik, globale Aussagen über Trend- und Konvergenzverhalten des gesamten Systems zu machen. Die Zahl der empirischen Parameter der einzelnen Elemente ist jedoch unter Umständen so groß, dass keine lokalen Ursachen ausgemacht werden können. Das neuronale Netz bleibt für uns eine „Black Box". Vom ingenieurwissenschaftlichen Standpunkt aus sprechen Autoren daher von einem „dunklen Geheimnis" im Zentrum der KI des Machine Learning: *„...even the engineers who designed [the machine learning-based system] may struggle to isolate the reason for any single action"* (Knight 2017).

Zwei verschiedene Ansätze im Software Engineering sind denkbar:

1. Testen zeigt nur (zufällig) gefundene Fehler, aber nicht alle anderen möglichen.
2. Zur grundsätzlichen Vermeidung müsste eine formale Verifikation des neuronalen Netzes durchgeführt werden.

Der Vorteil des automatischen Beweisens (Theorem Proving) ist es, die Korrektheit einer Software als mathematisches Theorem zu beweisen. Daher lautet der Vorschlag, eine formale Metaebene über dem neuronalen Netz des Machine Learning einzuführen, um dort Korrektheitsbeweise automatisch auszuführen zu lassen. Dazu stellen wir uns ein selbst-lernendes Automobil ausgestattet mit Sensoren und damit verbundenem neuronalen Netz vor – quasi als Nervensystem und Gehirn des Systems. Ziel ist es, dass das Verhalten des Automobils nach den Regeln der Straßenverkehrsordnung verläuft. Die Straßenverkehrsordnung wurde 1968 in der Wiener Konvention formuliert.

In einem ersten Schritt wird das Automobil wie z. B. ein Flugzeug mit einer Blackbox ausgestattet, um die Fülle der Verhaltensdaten zu registrieren. Diese Datenmasse sollte die entsprechenden Verkehrsregeln der Wiener Konvention implizieren. Diese logische Implikation realisiert die gewünschte Kontrolle, um Fehlverhalten auszuschließen. Auf der Metaebene wird die Implikation formalisiert, um ihren Beweis durch Theorem Proving zu automatisieren. Dazu müsste zunächst aus der Datenmasse der Blackbox die Bewegungsbahn (Trajektorie) des Fahrzeugs extrahiert werden. In der Statistik bietet sich dafür z. B. ein Verfahren des Model Fitting an. Die Beschreibung der Bahnkurve des Fahrzeugs müsste in einem nächsten Schritt auf der Metaebene in einer formalen Sprache repräsentiert werden. Diese formale Beschreibung müsste die entsprechend formalisierten Vorschriften der Wiener Konvention implizieren. Der formale Beweis dieser Implikation ist durch den Theorem Prover automatisiert und könnte mit heutiger Rechenpower blitzschnell realisiert werden.

Zusammengefasst folgt: Machine Learning mit neuronalen Netzen funktioniert, aber wir können die Abläufe in den neuronalen Netzen nicht im Einzelnen verstehen und kontrollieren. Machine Learning Techniken sind ähnlich zu (statistischen) Testvorgängen, aber das reicht nicht für sicherheitskritische Systeme. Daher sollte Machine Learning mit Theorem Proving, also formaler logik-basierter KI verbunden werden. Korrektes Verhalten wird durch Metatheoreme in einem logischen Formalismus garantiert, die automatisch bewiesen werden.

## 3.2 Datengetriebene oder theoriegeleitete Forschung?

Andererseits verheißen große Datenmassen günstige Geschäftsmodelle. Schnelle Suchmaschinen finden scheinbar Lösungen unserer Probleme, bevor wir die Ursachen und Gesetze verstanden haben. Warum sollten wir uns lange mit dem Warum und Wieso aufhalten? So taumeln wir effektivitätsversessen und mit rasanter Geschwindigkeit in eine Zukunft, in der nur noch der schnelle Erfolg zählt (Mayer-Schönberger und Cukier 2013).

Einflussreiche Propheten der digitalen Welt propagieren bereits „das Ende der Theorie“ – ein radikaler und neuer Paradigmenwechsel, so glaubt man, der die Ursachen und Wirkungen von Krankheiten, Märkten und Verbrechen nicht mehr verstehen muss, sondern durch blitzschnelles Durchforsten von riesigen Datenmengen Muster und Korrelationen erkennt, die Voraussagen von Trends erlauben. Markttrends und Profile von Produkten lassen sich aus scheinbar zufälligen und nicht zusammenhängenden Daten über Personen, ihren Themen und Präferenzen schneller erschließen als über gezielte Befragungen. Bemerkenswerte Erfolge gelangen in der Prävention von Verbrechen, indem aufgrund von automatischen Datenanalysen die Wahrscheinlichkeit von z. B. Diebstahl und Einbrüchen in bestimmten Regionen berechnet wurden und präventiv Polizei vor Ort die Straftaten verhinderte.

Es wäre daher leichtfertig, den Big Data Hype als Marketingstrategie herunterzuspielen. Tatsächlich wird hier ein Trend sichtbar, der bereits die Dynamik menschlicher Zivilisation maßgeblich bestimmt und auch die Wissenschaften erfasst hat: Was wäre, wenn in Zukunft tatsächlich neue Erkenntnis und die Lösung unserer Probleme nur von der schieren Steigerung von Datenmengen, Sensoren und Rechenpower abhängen? Ist die Suche nach Erklärungen, Ursachen und kausalen Zusammenhängen, Gesetzen und Theorien angesichts der steigenden Komplexität der Probleme nicht völlig überholt? Können wir uns angesichts des Tempos zivilisatorischer Entwicklung und der Notwendigkeit schneller Entscheidungen überhaupt noch solche zeitraubende Grundlagenforschung leisten? Sollten wir nicht die „Warum“-Frage vergessen und auf das „Was“ der Daten beschränken?

Historisch steht die „Warum"-Frage am Anfang menschlichen Denkens in Wissenschaft und Philosophie (Mainzer 2014a). Warum bewegen sich Sterne und Planeten in regelmäßigen Bahnen? Ist die Vielfalt der Stoffe aus einfachen Grundbausteinen aufgebaut? In griechischer Tradition entstand eine faszinierende Idee, die den weiteren Entwicklungsgang von Forschung grundlegend beeinflusste: Der scheinbar chaotischen Vielfalt der Sinneseindrücke liegen einfache Gesetze der Symmetrie und Regelmäßigkeit zugrunde, die mathematisch beschreibbar sind. Das ist der Trend einer theoriegeleiteten (hypotheses-driven) Forschung. Dahinter steht die Überzeugung: Erst wenn wir eine gute Theorie haben, können wir wissen, wonach wir suchen, um die Vielfalt der Welt zu verstehen und zu bewältigen.

Aber auch die datengetriebene (data-driven) Forschungsperspektive ist keineswegs neu. Es waren die Babylonier, die für damalige Verhältnisse große Massen von Daten über astronomische Beobachtungen, Ernteergebnisse, Handel, Gewerbe und Verwaltungsabläufe auf unzähligen Tontafeln in Keilschrift festhielten. Aus den Regelmäßigkeiten in den astronomischen Daten wurden erstaunliche Voraussagen über Planetenkonstellationen abgeleitet, ohne sie allerdings erklären zu können und zu wollen. In der Neuzeit kritisierte der schottische Aufklärungsphilosoph David Hume kausale Verknüpfungen von Ereignissen schließlich als Hirngespinste und führte sie auf Korrelationen von Sinneseindrücken zurück. Mit Auguste Comtes Positivismus zog der Glaube an Fakten und Daten auch in die Sozialwissenschaften ein.

Daten werden Zahlen zugeordnet und damit berechenbar. Gesetze werden zu Rechenregeln, um mathematische Gleichungen zu lösen. Ende des 18. Jahrhunderts ist für den Mathematiker und Astronomen Pierre Simon Laplace die Himmelsmechanik durch Anfangsdaten und Bewegungsgleichungen vollständig bestimmt. Daher kommt es nur auf die Berechnung von Gleichungslösungen an, um zu präzisen Voraussagen zu gelangen. Wenn also, so argumentiert Laplace, einer „Intelligenz" alle diese Daten und Gleichungen gegeben wären, müsste für sie die Welt total berechenbar sein. Diese von Laplace unterstellte „Intelligenz" geht als Laplacescher Geist in die Geschichte ein. Naheliegend ist es heute, sich darunter einen Superrechner vorzustellen.

Nach Chris Anderson, einflussreicher amerikanischer Wissenschaftsjournalist und zeitweise Herausgeber der Zeitschrift „Wired", kommt es nur noch auf schnelle Algorithmen und große Datenmassen an (Anderson 2008). Sind Gesetze aber tatsächlich überflüssig, ein Relikt aus einer Zeit, als Naturgesetze noch wie bei Galilei und Newton als „Gedanken Gottes" in der Sprache der Mathematik aufgefasst wurden? Von Nietzsches „Gott ist tot" zum „Tod der Gesetze" als unumkehrbarer Trend der modernen Welt? Massen von Daten und Zahlen alleine sind für uns aber ebenso sinnlos wie die Milliarden von Sinneseindrücken, die unsere Sinnesorgane tagtäglich bombardieren. Seit frühster Kindheit haben wir gelernt, uns an Mustern und Regelmäßigkeiten dieser Daten zu orientieren. Nach dem algorithmischen Informationsbegriff lassen sich Regeln und Gesetze als Datenkompressionen auffassen, die ein Muster zum Ausdruck bringen (Mainzer 2014b).

Unser Gehirn wurde während seiner Evolution auf Datenkompression und Reduktion von Komplexität trainiert. Blitzschnelle Entscheidungen hängen von dieser Fähigkeit ab. Das traf nicht nur im Überlebenskampf während der Steinzeit zu. Auch im heutigen Geschäftsleben und in der Politik stehen wir unter dem Druck häufig reflexartiger Entscheidungen. Superrechner und Big Data scheinen diesen Trend nach der schnellen Entscheidung zu bedienen. Gelegentlich bilden wir uns aber auch Zusammenhänge und Muster ein, denen nur scheinbare Korrelationen von Ereignissen zugrunde liegen. Wetterregeln unserer Vorfahren waren häufig nicht besser begründet als das Zockerverhalten von Börsenspekulanten. Aber die Muster und Korrelationen von Big Data bleiben zufällig, wenn wir die zugrunde liegenden Zusammenhänge nicht verstehen. Natürlich greift ein Ebola- oder Krebspatient in seiner äußersten Not nach dem Strohhalm einer statistischen Korrelation zwischen einem unverstandenen Medikamenteneffekt und einer möglichen Lebensverlängerung. Die langjährige Forschung nach den biochemischen Gesetzen, die dieser Korrelation zugrunde liegen oder auch nicht, mag für ihn persönlich zu spät kommen. Endgültig bieten aber nur diese Gesetze eine verlässliche und reproduzierbare Therapie.

Andererseits machen die Sirenenklänge von schnellen Erfolgen mit Big Data und Superrechnern selbst vor der Mathematik nicht halt. Der amerikanische Logiker Gregory Chaitin (Chaitin 1998) und der Wissenschaftstheoretiker Imre Lakatos (Lakatos 1976) propagierten ein quasi-empirisches Vorgehen in der Mathematik. Axiome sind danach bestenfalls Hypothesen wie in den Naturwissenschaften, die als plausibel gelten, sich bisher bewährt haben und deren Annahme für neue Problemlösungen dienen. Ob sie beweisbar sind oder sich widerspruchsfrei in Theorien einfügen, spielt keine Rolle mehr. Big Data und Superrechner versprechen eine neue Auflage dieser Problemlösungssuche unter den Bedingungen moderner Technik.

Tatsächlich ist die exponentiell wachsende Rechenpower von Supercomputern und globalen Computernetzen wie dem Internet überwältigend. Erfolg und Effizienz in Wissenschaft, Technik und Wirtschaft scheint nur noch von schnellen Algorithmen und gewaltigen Datenbanken abzuhängen. In Wirtschaft und Märkten sagen sie zukünftige Trends und Profile von Produkten und Kunden voraus. In der Wissenschaft erkennen sie Korrelationen und Muster in riesigen Datenmengen

(z. B. von Teilchenbeschleuniger in der Hochenergiephysik und Datenauswertungen in der molekularen Biologie und Systembiologie). Wissenschaft scheint ebenso wie Wirtschaft durch immer schnellere Algorithmen und wachsende Datenberge angetrieben.

Daher verkündete der amerikanische Informatiker und Software-Unternehmer Stephen Wolfram eine „neue Art der Wissenschaft“ (A New Kind of Science), in der Computerexperimente anstelle mathematischer Beweise und Theorien treten werden (Wolfram 2002). Wolfram hatte umfangreiche Musterentwicklungen von zellulären Automaten in einem bis dahin nicht gekannten Umfang durchgeführt und bemerkenswerte Zusammenhänge zwischen vielfältigen Strukturbildungen beobachtet. Zelluläre Automaten bestehen aus schachbrettartigen Gittern, deren Zellen nach ausgewählten Regeln ihre Zustände (z. B. die Farben Schwarz oder Weiß) ändern und dabei von der Farbverteilung der jeweiligen Zellumgebung abhängen. Schnelle Computerleistungen erlaubten Musterentwicklungen in vielen nachfolgenden Generationen, die vorher nicht möglich waren. Wie heute bei Big Data konnte man nun feststellen, dass sich bestimmte komplexe Muster aus scheinbar zufälligen Regeln gebildet hatten. Die Frage „Warum“ blieb unbeantwortet. Stattdessen wurden, wie heute bei Big Data, Klassifikationen und Korrelationen von beobachteten Gemeinsamkeiten vorgenommen.

Für Wolfram war das ein neues Forschungsparadigma, wie zukünftig auch Mathematik und theoretische Physik sich entwickeln werden: Mit gewaltigen Rechenleistungen wird man probieren und experimentieren, um Problemlösungen zu finden. Theorien, Beweise und Erklärungen werden überflüssig, da sie zu aufwendig seien und bestenfalls nachträglich nur das bestätigen, was man sowieso schon gesehen und beobachtet hat. Man sollte die Ressourcen stattdessen lieber nutzen, um weiter Neues zu entdecken und zu erzeugen. Zehn Jahre später entwickelte Wolfram mit seiner Firma die Such- und Wissensmaschine Wolfram Alpha, mit der er nach dem Vorbild von Big Data gewaltige Datenmengen in Facebook mit Mustern, Clustern und Korrelationen durchforstete. Wieder lautet die Devise: Computerexperiment, Überraschung und Entdeckung, statt Begründung, Erklärung und Beweis!

Tatsächlich können wir aber erst auf der Grundlage von Beweisen und Gesetzen das genaue Verhalten von z. B. zellulären Automaten voraussagen (Mainzer und Chua 2011). Auf diesem Hintergrund lässt sich Stephen Wolframs Konzept berechenbarer Äquivalenz (Wolfram 2002: computational equivalence) neu bewerten und korrigieren. Wolfram forderte, dass natürliche Prozesse von atomaren, molekularen und zellulären Systemen als „berechenbar äquivalent“ mit Turingmaschinen, zellulären Automaten und neuronalen Netzen sein sollen (im Sinn einer physikalisch erweiterten Churchschen These). Für mathematische Modelle natürlicher

Systeme lassen sich verschiedene Grade der Komplexität unterscheiden. Dazu benötigen wir aber die entsprechenden mathematischen Theorien mit ihren Gleichungen und Gesetzen, um verlässliche Voraussagen, Klassifikationen und Erklärungen abzuleiten. Quasi-empirische Experimente mit zellulären Automaten auf mächtigen Computern, die Wolfram stattdessen vorschlug, reichen dazu nicht aus – ebenso wenig wie in den Naturwissenschaften noch so viele Experimente und Daten mit komplexen molekularen oder zellulären Systemen ausreichen, um verlässliche Prognosen und Erklärungen zu begründen. Mathematische Theorie ist wie bei Newton auch im Computerzeitalter unverzichtbar.

Im CERN produzieren zwar Teilchenkollisionen gigantische Massen von physikalischen Daten. Aber erst eine gute Theorie wie die von Peter Higgs sagte uns, wonach wir im Fall des Higgs' Teilchens überhaupt suchen sollten. In Bioinformatik und Lebenswissenschaften werden wir mit komplexen Datenmassen konfrontiert, deren gesetzmäßige Zusammenhänge sich erst in ihren Anfängen erschließen. Medikamente in der Medizin helfen jedenfalls wenig, wenn wir auf kurzfristige Dateneffekte setzen, ohne die gesetzmäßigen Zusammenhänge verstanden zu haben. Was in der Wirtschaft passiert, wenn wir uns nur auf unverstandene Eckdaten verlassen, hat die Wirtschaftskrise von 2008 gezeigt. Die Vorausberechnung von Kriminalität, Terror- und Kriegseinsätzen hilft wenig, wenn wir die zugrunde liegenden sozialen und politischen Ursachen von Konflikten nicht begreifen.

Allgemein lässt sich in der Wissenschaft festhalten, dass Theorie oft der beste Weg ist, um Probleme zu lösen. Was soll ein Haufen von Daten, wenn wir nicht wissen, wonach wir suchen sollen und welche Qualität diese Daten haben? Zudem ersetzen Korrelationen von Daten keine Kausalerklärungen mit Ursachen von Wirkungen. Kausalität wird durch kausale Gesetze erklärt, die mathematisch durch Gleichungen von dynamischen Systemen repräsentiert werden. Quasi-empirische Experimente mit Big Data mögen hilfreich für eine erste Orientierung sein. Für verlässliche Werkzeuge des Problemlösens in der digitalen Welt benötigen wir allerdings Grundlagenforschung in Mathematik, Informatik, Logik und Philosophie. Am Ende geht es um logisch gesicherte mathematische Theorien mit verschiedenen Graden der Konstruktivität, Berechenbarkeit und Beweisbarkeit.

## 3.3 Beschränkte Rationalität und Künstliche Intelligenz

In komplexen Märkten verhalten sich Menschen nicht nach den axiomatisch festgelegten rationalen Erwartungen eines „repräsentativen Agenten" (homo oeconomicus), sondern entscheiden und handeln mit unvollständigem Wissen, Emotionen und Reaktionen (z. B. Herdenverhalten). Der amerikanische Nobelpreisträger Herbert

A. Simon (1916–2001) spricht daher von beschränkter Rationalität (bounded rationality) (Simon 1957). Gemeint ist damit, dass wir uns angesichts von komplexen Datenmassen mit vorläufig befriedigenden Lösungen zufriedengeben und nicht perfekte Lösungen anstreben sollten.

Bleiben aber Entscheidungen unter beschränkter Rationalität und Information einer algorithmischen Bestimmung prinzipiell verschlossen? Nachdem vor mehr als zwanzig Jahren 1997 der Supercomputer Deep Blue von IBM den amtierenden Schachweltmeister geschlagen hatte, kam 2016 Google mit der Software AlphaGo und angeschlossenem Supercomputer, um die Champions im asiatischen Brettspiel Go zu schlagen. Go ist zwar wesentlich komplizierter als Schach. Wesentlich war aber der erste Einsatz von Lernalgorithmen. Die Google-Programmierer waren selber überrascht, wie schnell die Software aus jedem Spiel lernte und seine Spielweise verbesserte, um schließlich die Champions zu schlagen.

Sensationell ist eine jüngst vorgestellte Software mit Supercomputer, die menschliche Champions in Poker schlug (Bowling et al. 2015). Poker ist aus verschiedenen Gründen spektakulär. Im Unterschied zu Brettspielen wie Schach und Go ist nämlich Poker ein Beispiel für Entscheidungen unter unvollständiger Information. Von genau dieser Art sind Alltagsentscheidungen, die unter unvollständige Information bei z. B. Verhandlungen zwischen Unternehmen, Rechtsfällen, militärischen Entscheidungen, medizinischer Planung, Cybersecurity u. a. stattfinden. Brettspiele wie Schach und Go betreffen demgegenüber Entscheidungen, bei denen jeder Spieler zu jedem Zeitpunkt einen vollständigen Überblick über die gesamte Spielsituation hat. Bei Poker vermutet man immer Emotionen und Gefühle im Spiel, um den Gegner z. B. mit Pokerface aufgrund unvollständiger Information zu täuschen. Bis aber Maschinen in der Lage sein werden, menschliche Emotionen zu verstehen oder gar zu realisieren, würden – so dachten selbst KI-Experten – noch viele Jahre vergehen, wenn es überhaupt gelingen sollte. Tatsächlich umschifft Poker Libratus das Problem der Emotionen und schlägt Menschen durch schiere Computerpower plus allerdings raffinierter Mathematik.

An dieser Stelle wird schlaglichtartig klar, dass erfolgreiche KI vor allem eine Ingenieurwissenschaft ist, die effizient Probleme lösen will. Es geht nicht darum, menschliche Intelligenz zu modellieren, simulieren oder gar zu ersetzen. Auch in der Vergangenheit waren erfolgreiche ingenieurwissenschaftliche Lösungen nicht darauf aus, die Natur zu imitieren: Solange Menschen versuchten, den Flügelschlag der Vögel nachzuahmen, landeten sie auf der Nase. Erst als sich Ingenieure auf die Grundgesetze der Aerodynamik besannen, fanden sie Lösungen, wie sich tonnenschwere Fluggeräte in Höhen jenseits der Wolken bewegen lassen – Lösungen, die in der Evolution von der Natur nicht gefunden wurden. Davon zu unterscheiden sind Gehirnforschung und Neuromedizin, die den menschlichen Organismus modellieren und verstehen wollen – so wie er in der natürlichen Evolution entstanden ist.

Grafisch wird ein Spielverlauf durch einen Spielbaum dargestellt. Eine Spielsituation entspricht einem Astknoten, aus dem sich nach den Spielregeln endlich viele Spielzüge ergeben, die durch entsprechende Äste im Spielbaum dargestellt werden. Diese Äste enden wieder mit Astknoten (Spielsituationen), aus denen wieder neue mögliche Äste (Spielzüge) entspringen. So entfaltet sich ein komplexer Spielbaum. In einem ersten Ansatz sucht ein effektives Verfahren die Schwächen eines vergangenen Spiels im entsprechenden Spielbaum heraus und versucht sie, in nachfolgenden Spielen (Spielbäumen) zu minimieren. Dabei spielt das System nicht zehn-, hundert- oder tausendmal gegen sich, sondern millionenfach aufgrund der enormen Rechenleistung eines Supercomputers. Bei ca. $10^{126}$ Spielsituationen im Pokerspiel würden das aber selbst die schnellsten Supercomputer in keiner realistischen Zeit schaffen. Nun kommt Mathematik zum Einsatz: Mit Theoremen der mathematischen Wahrscheinlichkeits- und Spieltheorie lässt sich beweisen, dass sich in bestimmten Spielsituationen keine Erfolgschancen für nachfolgende Spieläste ergeben. Sie können also vernachlässigt werden, um so Rechenzeit zu reduzieren.

Auf diesem Hintergrund unterscheiden wir bei Poker Libratus zwei Algorithmen (Brown und Sandholm 2017): Counterfactual Regret Minimation (CFR) ist ein iterativer Algorithmus, um Nullsummenspiele mit unvollständiger Information zu lösen. Regret-Based Pruning (RBP) ist eine Verbesserung, die es erlaubt, die Entwicklungsäste wenig erfolgreicher Aktionen im Spielbaum zeitweise zu „beschneiden" (pruning), um den Algorithmus CFR zu beschleunigen. Aufgrund eines Theorems von N. Brown und T. Sandholm 2016 gilt: In Nullsummenspielen beschneidet RBP jede Aktion, die nicht Teil einer besten Antwort eines Nash-Gleichgewichts ist. Ein Nash-Gleichgewicht ist eine Spielkonstellation, in der kein Spieler sein Resultat durch eine einseitige Strategie verbessern kann.

In Spielen mit unvollständiger Information versucht man daher, ein Nash-Gleichgewicht zu finden. In 2-Personen-Nullsummenspielen mit weniger als ca. $10^8$ möglichen Spielkonstellationen (Knoten im Spielbaum) kann ein Nash-Gleichgewicht exakt durch einen linearen Algorithmus (Computerprogram) gefunden werden. Für größere Spiele verwendet man iterative Algorithmen (z. B. CFR), die zu einem Nash-Gleichgewicht als Grenzwert konvergieren.

Nach jedem Spiel berechnet CFR das „Bedauern" (regret) über eine Aktion an jedem Entscheidungspunkt eines Spielbaums, minimiert damit den Grad des Bedauerns und verbessert so die Spielstrategie: „Kontrafaktisch" meint also „Was hätte man besser machen können?" Falls eine Aktion z. B. mit negativem

Bedauern verbunden ist, überspringt RBP diese Aktion für die minimale Anzahl von Iterationen, die notwendig ist, bis das damit verbundene Bedauern positiv in CFR wird. Die übersprungenen Iterationen werden dann in einer einzigen Iteration erledigt, sobald das „pruning" beendet ist. So kommt es zur Reduktion von Rechenzeit und Speicherplatz, die von heutigen physikalischen Maschinen beherrschbar ist.

## 3.4 Blockchain: Einstieg in die total algorithmisierte Gesellschaft?

Durch das exponentielle Wachstum von Rechenpower wird sich die Algorithmisierung der Gesellschaft beschleunigen. Algorithmen werden zunehmend Institutionen ersetzen und dezentrale Strukturen der Dienstleistung und Versorgung schaffen. Ein Einstiegsszenario für diese neue digitale Welt bietet die Datenbanktechnologie Blockchain (Economist Staff 2015). Es handelt sich um eine Art dezentraler Buchhaltung, die z. B. Banken zur Vermittlung von Geldgeschäften zwischen Kunden durch Algorithmen ersetzt. Erfunden wurde diese dezentrale Vermittlungsinstanz nach der Weltfinanzkrise 2008, die wesentlich durch menschliches Fehlverhalten in nationalen und internationalen Zentralbanken verursacht wurde.

Blockchain lässt sich als Buch über eine fortlaufende dezentrale Buchführung vorstellen (Narayanan et al. 2016). Das Buch ist nicht zentral gelagert, sondern befindet sich als Kopie auf jedem Computer der beteiligten Akteure. Auf jeder „Seite" (block) des Buchs werden Transaktionen zwischen den Akteuren und Sicherheitscodes so lange notiert, bis sie „voll" ist und eine neue Seite „aufgeschlagen" werden muss. Formal handelt es sich um eine erweiterbare Liste von Datensätzen (blocks), die mit kryptografischen Verfahren verkettet sind. Jeder Block enthält einen kryptografisch sicheren Hash des vorherigen Blocks, einen Zeitstempel und Transaktionsdaten. Neue Blöcke werden durch ein Konsensverfahren (z. B. Proof-of-Work Algorithmus) erzeugt. Durch das Buchführungssystem „Blockchain" können digitale Güter bzw. Werte (Währungen, Verträge etc.) beliebig vervielfältigt werden: „Alles ist Kopie!" (Internet of Value). Wegen der aufeinander aufbauenden Speicherung von Daten in Blockchains sind einseitige Veränderungen sofort erkennbar. Jeder beteiligte Akteur würde Veränderungen in seiner Kopie des Blockchain erkennen, da dazu die ineinander verketteten Blocks „ausgepackt" werden müssten. Hinzu kommt die hohe Rechenkapazität des gesamten Netzwerks beim „block mining", die Blockchains praktisch fälschungssicher macht. Eine dezentrale Kryptowährung arbeitet in folgenden Schritten (Kryptowährung 2017):

1. Neue Transaktionen werden signiert und an alle Knoten der Akteure gesendet.
2. Jeder Knoten (Akteur) sammelt neue Transaktionen in einem Block.
3. Jeder Knoten (Akteur) sucht nach dem sogenannten Nonce (Zufallswert), der seinen Block gültig macht.
4. Wenn ein Knoten (Akteur) einen gültigen Block findet, sendet er den Block an alle anderen Knoten (Akteure).
5. Die Knoten (Akteur) akzeptieren den Block nur, wenn er den Regeln entsprechend gültig ist:
   a) Der Hashwert des Blocks muss dem aktuellen Schwierigkeitsgrad entsprechen.
   b) Alle Transaktionen müssen korrekt signiert sein.
   c) Die Transaktionen müssen den bisherigen Blöcken entsprechend gedeckt sein (keine Doppelausgaben).
   d) Neuemission und Transaktionsgebühren müssen den akzeptierten Regeln entsprechen.
6. Die Knoten (Akteure) bringen ihre Akzeptanz des Blocks zum Ausdruck, indem sie dessen Hashwert in ihre neuen Blöcke übernehmen.

Das Erstellen eines neuen gültigen Blocks (mining) entspricht dem Lösen einer kryptografischen Aufgabe (proof-of-work). Die Schwierigkeit der Aufgabe ist im Netz so geregelt, dass im Mittel alle 10 min ein neuer Block erzeugt wird. Die Wahrscheinlichkeit erfolgreichen Mining ist proportional zur eingesetzten Rechenleistung. Dazu muss der Schwierigkeitsgrad des Mining ständig an die aktuelle Rechenleistung des Netzes angepasst werden. Der proof-of-work Algorithmus läuft in folgenden Schritten ab. Der dabei verwendete Schwellenwert ist umgekehrt proportional zur Mining-Schwierigkeit (Bitcoin 2017):

1. Block initialisieren, Root-Hash aus Transaktionen berechnen
2. Hashwert berechnen: $h = \text{SHA256}(\text{SHA256}[\text{block header}])$
3. Wenn $h \geq$ Schwellenwert, Blockheader verändern und zurück zu Schritt 2
4. Sonst ($h <$ Schwellenwert): Gültiger Block gefunden, Berechnung stoppen und Block veröffentlichen.

Die in dem neuen Block enthaltenen Transaktionen sind zunächst nur von dem Teilnehmer bestätigt, der den Block erzeugt hat. Sie sind damit nur bedingt glaubwürdig. Wurde der Block aber von den anderen Teilnehmern ebenfalls als gültig akzeptiert, werden diese seinen Hashwert in ihre neu zu erstellenden Blöcke eintragen. Hält die Mehrheit der Teilnehmer den Block für gültig, wird die Kette ausgehend von diesem Block am schnellsten weiterwachsen. Hält sie ihn nicht für gültig, wird die Kette ausgehend vom bisher letzten Block weiterwachsen. Die Blöcke bilden also einen Baum.

Nur die vom ersten Block (Wurzel) längste in dem Baum enthaltene Kette wird als gültig betrachtet. Dadurch besteht diese Form der Buchhaltung automatisch aus denjenigen Blöcken, die die Mehrheit als gültig akzeptiert haben. Dieser erste Block, mit dem eine Kryptowährung gestartet wird, wird als Genesis-Block bezeichnet. Er ist der einzige Block, der keinen Hashwert eines Vorgängers enthält.

Das Bitcoin-Netzwerk basiert auf einer von den Teilnehmern gemeinsam mit Hilfe einer Bitcoin-Software verwalteten dezentralen Datenbank (Blockchain), in der alle Transaktionen verzeichnet sind. Anstelle von Vertrauenspersonen und Institutionen (z. B. Banken, staatliche Währungskontrolle, Notenbanken) treten rechenaufwendige und praktisch fälschungssichere Algorithmen (z. B. proof-of-work Algorithmus). Eigentumsnachweise an Bitcoin können in einer persönlichen digitalen Brieftasche gespeichert werden. Der Umrechnungskurs von Bitcoin in andere Zahlungsmittel bestimmt sich durch Angebot und Nachfrage. Hierdurch können Spekulationsblasen ausgelöst werden, was derzeit noch ein Problem für die allgemeine Akzeptanz von Bitcoin darstellt.

Blockchain wird aber auf lange Sicht eine Einstiegstechnologie für eine dezentrale digitale Welt sein, in der Menschen als Kunden und Bürger ihre Transaktionen und Kommunikationen unmittelbar und ohne zwischengeschaltete Institutionen realisieren. Der Grundgedanke dieser Algorithmen ist so revolutionär wie der theologische Kern der Reformation am Ende des Mittelalters: So wie damals jeder Gläubige unmittelbar zu seinem Gott gedacht wurde und nicht länger eine zwischengeschaltete Institution namens Kirche das Seeelenheil verwalten sollte, so sollen nun alle beteiligten Akteure unmittelbar untereinander ihre digitalen Güter austauschen können.

Die Perspektive dieser Technologie ist keineswegs auf Banken und Geldverkehr eingeschränkt. Denkbar sind auch zukünftige Entwicklungen, in denen andere Dienstleistungseinrichtungen und staatliche Institutionen durch Algorithmen ersetzt werden. Was auf den ersten Blick sehr basisdemokratisch wirkt, erweist sich bei näherer Analyse alles andere als demokratisch. Der Grundgedanke der Demokratie lautet, dass jeder unabhängig von seiner Stellung und seinem Ankommen nur eine Stimme hat: One man – one vote! Tatsächlich hängt z. B. bei Bitcoin die Macht der Einflussnahme aber von der Rechenpower ab, mit der ein Kunde sich bei der Realisierung eines neuen Blocks durchsetzt: Umso größer die zur Verfügung stehende Rechenpower, umso größer die Wahrscheinlichkeit und das Vertrauen, dass jemand die dazu notwendige kryptografische Aufgabe lösen und damit Sicherheit garantieren kann (proof-of-work).

Mit wachsendem Blockchain werden diese Aufgaben immer komplexer und rechenintensiver. Rechenintensität ist aber auch energieaufwendig. Dass rechenintensive Algorithmen gewaltige Energiemengen verschlingen, wird dabei kaum bedacht. Das Rechennetz von Bitcoin verbrauchte im November 2017 so viel Kilowatt pro Stunde wie das gesamte Land Dänemark. Daher können Länder mit billiger Energie und Kühlung für heiß laufende Supercomputer die meisten Bitcoins produzieren (z. B. China). Wenn nicht gegengesteuert und nachgebessert wird, verheißen solche Infrastrukturen keineswegs die Heilsversprechungen einer direkten Demokratie, sondern steigende Energieprobleme (und damit wachsende Umweltprobleme). Bei der Digitalisierung kommt es am Ende auf die Gesamtbilanz von besserer Infrastruktur, weniger Energieverbrauch, besserer Umwelt und mehr Demokratie an.

Dieser Essay ist ein Plädoyer für die Besinnung auf die Grundlagen, Theorien, Gesetze und Geschichte, die zu der Welt führen, in der wir heute leben (Mainzer 2014b). Die Welt der Software und schnellen Rechner wurde erst durch logisch-mathematisches Denken möglich, dass tief in philosophischen Traditionen verwurzelt ist. Wer dieses Gedankengeflecht nicht durchschaut, ist blind für die Leistungsmöglichkeiten von Big Data und Machine Learning, aber auch Grenzen der Anwendung in unserer Alltags- und Berufswelt. Am Ende geht es um eine Stärkung unserer Urteilskraft, d. h. die Fähigkeit, Zusammenhänge zu erkennen, das „Besondere", wie es bei Kant heißt, mit dem „Allgemeinen" zu verbinden, in diesem Fall die Datenflut mit Reflexion, Theorie und Gesetzen, damit eine immer komplexer werdende und von Automatisierung beherrschte Welt uns nicht aus dem Ruder läuft.

# Was Sie aus diesem *essential* mitnehmen können

- Die Algorithmen von Künstlicher Intelligenz und Big Data bedürfen einer Rückbesinnung auf ihre theoretischen Grundlagen, um ihre Möglichkeiten und Grenzen einschätzen zu können.
- Berechenbarkeits- und Beweistheorie liefern das methodische Rüstzeug, um Fehler und Schwächen in einer komplexen digitalen und analogen Welt aufzuspüren bzw. zu verbessern.
- Neben der methodischen Grundlagenanalyse bedarf es jedoch auch der menschlichen Urteilskraft, um eine lebenswerte digitalisierte Gesellschaft zu gestalten.



K. Mainzer, *Wie berechenbar ist unsere Welt*, essentials,
https://doi.org/10.1007/978-3-658-21298-8

# Literatur


Aczel, P. (1978). The type theoretic interpretation of constructive set theory. In A. Macintyre, L. Pacholski, & J. Paris (Hrsg.), *Logic colloquium'77* (S. 55–66). Amsterdam: North-Holland.

Anderson, C. (2008). The end of theory? *WIRED, 16,* 7.

Bertot, Y., & Castran, P. (2004). *Interactive theorem proving and program development Coq'Art: The calculus of inductive constructions*. New York: Springer.

Bishop, E. (1967). *Foundations of constructive analysis*. New York: McGraw-Hill.

Bitcoin. (2017). Wikipedia. https://de.wikipedia.org/wiki/Bitcoin.

Blum, L., Cucker, F., Shub, M., & Smale, S. (1998). *Complexity and real computation*. New York: Springer.

Bowling, M., Burch, N., Johanson, M., & Tammelin, O. (2015). Heads-up holdem poker is solved. *Science, 347*(6218), 145–149.

Brouwer, L. E. J. (1981). *Brouwer's Cambridge Lectures on Intuitionism* (Hrsg. D. van Dalen). Cambridge: Cambridge University Press.

Brown, N., & Sandholm, T. (2017). *Reduced space and faster convergence in imperfect-information games via pruning*. International Conference on Machine Learning (ICML).

Chaitin, G. J. (1969). On the length of programs for computing finite binary sequences: Statistical considerations. *Journal of the ACM, 16,* 145.

Chaitin, G. J. (1998). *The limits of mathematics*. Singapore: Springer.

Coquand, T., & Huet, G. (1988). The calculus of constructions. *Information and Computation, 76*(2–3), 95–120.

Deutsch, D. 1985. Quantum theory, the church-turing principle and the universal quantum computer. *Proceedings of the royal society of London* A 400, 97–117.

Ebbinghaus, H.-D., Hermes, H., Hirzebruch, F., Koecher, M, Mainzer, K., Neukirch, J., Prestel, A., & Remmert, R. (1991). *Numbers* (3. Aufl.). Berlin: Springer.

Economist Staff. 2015. Blockchains: The great chain of being sure about things. *The Economist* 31. October.

Feferman, S. (1996). Kreisel's „unwinding“ Program. In P. Odifreddi (Hrsg.), *Kreisleriana. About and Around Georg Kreisel. Review of Modern Logic* (S. 247–273).

Friedman, H. (1975). Some systems of second order arithmetic and their use. *Proceedings of the international congress of mathematicians* (Vancouver, B.C., 1974), 1. Canad. Math. Congress. Montreal, 235–242.




K. Mainzer, *Wie berechenbar ist unsere Welt,* essentials,
https://doi.org/10.1007/978-3-658-21298-8

Gödel, K. (1931). Über formal unentscheidbare Sätze der Principia Mathematica und verwandter Systeme 1. *Monatshefte für Mathematik und Physik, 38,* 173–198.

Gödel, K. (1958). Über eine bisher noch nicht benützte Erweiterung des finiten Standpunktes. *Dialectica, 12,* 280–287.

Haken, H. 1990. *Synergetik. Eine Einführung. Nichtgleichgewichts Phasenübergänge und Selbstorganisation in Physik, Chemie und Biologie* (3. Aufl.). Berlin: Springer.

Heidegger, M. 1984. *Was heißt Denken?* ( 4. Aufl.). Tübingen: Niemeyer.

Heyting, A. 1934. *Mathematische Grundlagenforschung. Intuitionismus. Beweistheorie.* Berlin: Springer (repr. 1974).

Ishahara, H. (2006). Reverse mathematics in Bishop's constructive mathematics. *Philosophia Scientiae, 6,* 43–59.

Knight, W. 2017. The dark secret at the heart of AI. *MIT Technology Review*. April 11, 1–22.

Kohlenbach, U. (2008). *Applied proof theory: Proof interpretations and their use in mathematics*. Berlin: Springer.

Kolmogorov, A. N. (1965). Three approaches for defining the concept of information quantity. *Problems Information Transmission 1*, 1–7.

Kreisel, G. (1959). An interpretation of analysis by means of constructive functionals of finite types. In A. Heyting (Hrsg.), *Constructivity in mathematics* (S. 101–128). Amsterdam: North-Holland.

Kryptowährung. Wikipedia. https://de.wikipedia.org/wiki/Kryptow%C3%A4hrung.

Lakatos, I. (1976). *Proofs and refutations. The logic of mathematical discovery*. Cambridge: Cambridge University Press.

Lorenzen, P. (1965). *Differential und Integral. Eine konstruktive Einführung in die klassische Analysis*. Frankfurt: Akademische Verlagsgesellschaft.

Lorenzen, P. (1980). *Metamathematik* (2. Aufl.). Mannheim: B.I. Wissenschaftsverlag.

Mainzer, K. (1970). Der Konstruktionsbegriff in der Mathematik. *Philosophia Naturalis, 12,* 367–412.

Mainzer, K. (1980). *Geschichte der Geometrie*. Mannheim: B.I. Wissenschaftsverlag.

Mainzer, K. (1988). *Symmetrien der Natur*. Berlin: De Gruyter.

Mainzer, K. (2007). *Thinking in complexity* (5. Aufl.). New York: Springer.

Mainzer, (K. 2014a). *Die Berechnung der Welt. Von der Weltformel zu Big Data*. München: C.H. Beck.

Mainzer, (K. 2014b). Die Berechnung der Welt. Können Big Data Ergebnisse Theorie und Beweise ersetzen? *Forschung & Lehre 9*, 14.

Mainzer, K. (2016). *Künstliche Intelligenz. Wann übernehmen die Maschinen?* Berlin: Springer.

Mainzer, K. (2016). *Information: Algorithmus – Wahrscheinlichkeit – Komplexität – Quantenwelt – Leben – Gehirn – Gesellschaft*. Berlin: Berlin University Press.

Mainzer, K. 2018. *The digital and the real world. Computational foundations of mathematics, science, technology, and philosophy*. Singapore: World Scientific Publisher.

Mainzer, K., & Chua, L. (2011). *The universe as automaton*. Berlin: Springer.

Mainzer, K., & Chua, L. (2013). *Local activity principle*. London: Imperial College Press.

Martin-Löf, P. 1998. An intuitionistic theory of types. Twenty-five years of constructive type theory (Venice, 1995). In *Oxford Logic Guides 36* (S. 127–172). New York: Oxford University Press.

Mayer-Schönberger, V., & Cukier, K. (2013). *Big data – A revolution that will transform how we live, work, and think*. London: John Murray.

Nachruf, V. V. (1966–2017). Institute for Advanced Study. Princeton October 04, 2017 (Press Contact Alexandra Altman (606) 951-4406), 1–7.

Narayanan, A., Bonneau, J., Felten, E., Miller, A., & Goldfeder, S. (2016). *Bitcoin and cryptocurrency technologies. A comprehensive introduction*. Princeton: Princeton University Press.

Nipkow, T., Paulson, L. C., & Wenzel, M. (2002). *Isabelle/HOL. A proof assistant for higher-order logic*. Heidelberg: Springer.

Ockham, W. (1967–1988). *Opera philosophica et theologica* (Hrsg. G. Gál et al., Bd. 17). New York: Franciscan Institute St. Bonaventure.

Pietsch, W., et al. (Hrsg.). (2017). *Berechenbarkeit der Welt? Philosophie und Wissenschaft im Zeitalter von Big Data. Festschrift für Klaus Mainzer aus Anlass seiner Emeritierung*. Berlin: Springer.

Pohlers, W. (1989). *Proof theory*. Berlin: Springer.

Russell, B. (1908). Mathematical logic as based on the theory of types. *American Journal of Mathematics, 30,* 222–262.

Scholz, H. 1961. *Mathesis Universalis. Abhandlungen zur Philosophie als strenger Wissenschaft* (Hrsg. H. Hermes, F. Kambartel, & J. Ritter). Basel: Benno Schwabe & Co.

Schwichtenberg, H. 2006. Minlog. In F. Wiedijk (Hrsg.), *The seventeen provers of the world* (Lecture notes in artificial intelligence, Bd. 3600, 151–157). Berlin: Springer.

Schwichtenberg, H., & Wainer, S. S. (2012). *Proofs and computations*. Cambridge: Cambridge University Press.

Scott, D. 1982. Domains for denotational semantics. In E. Nielsen & E. M. Schmidt (Hrsg.), *Automata, Languages and Programming* (S. 577–613). Berlin: Springer.

Solomon, R. (1964). A formal theory of inductive inference Part I. *Information and Control Part I-II, 7*(1–2), 224–254.

Siegelmann, H. T. (1999). *Neural networks and analog computation beyond the turing limit*. New York: Springer.

Simon, H. (1957). *Administrative behavior: A study of decision-making processes in administrative organizations*. New York: MacMillian.

Simpson, S. G. 2005. *Reverse mathematics*. Lecture notes in logic 21. The association of symbolic logic 2005.

Tarski, A. (1951). *A decision method for elementary algebra and geometry*. Berkeley: University of California Press.

The Univalent Foundations Program. (2013). *Homotopy type theory: Univalent foundations of mathematics*. Princeton: Institute for Advanced Study.

Turing, A. M. (1936–1937). On computable numbers, with an application to the Entscheidungsproblem. *Proceedings of the London mathematical society 2* (42), 230–265.

Weizsäcker, C. F. von. 1985. *Aufbau der Physik*. München: Carl Hanser.

Weyl, H. (1918). *Das Kontinuum. Kritische Untersuchungen über die Grundlagen der Analysis*. Leipzig: De Gruyter.

Weyl, H. (1921). Über die neue Grundlagenkrise der Mathematik. *Mathematische Zeitschrift, 10*(1921), 39–79.

Wheeler, J. A. (1990). Information, physics, quantum: The search for links. In W. H. Zurek (Hrsg.), *Complexity, entropy, and the physics of information*. Redwood City: Addison-Wesley.

Wolfram, S. (2002). *A new kind of science*. Champaign Il: Wolfram Media Inc.

Printed in Poland
by Amazon Fulfillment
Poland Sp. z o.o., Wrocław

68428750R00031